JN200772

JAのための
収益認識基準の会計実務

みのり監査法人

清文社

ごあいさつ

収益認識の会計基準が変わろうとしています。この変更は、単に会計実務だけではなく、営業活動ほか、幅広く組織の業務にも影響するものになります。その点で、組織や実務に対してのインパクトは相当大きいものがあります。

新しい収益認識基準を解説した書籍は、すでに多く出版されていますが、本書には次の特徴があります。

1. JA 等系統組織だけを想定読者とした、ピンポイントでJA 実務に資する書籍です。
2. 類書では、基準の説明が中心になっているものが多く、どうしても抽象的な文言を用いての解説になるため、読みづらく理解しにくい内容になっているものもありますが、本書では「読みやすさ」を第一にしています。
3. 収益認識基準は、当然JA にも適用されますが、類書では、直接JA にはどのような影響があるか、わかりづらいものと思われます。本書は、JA の現状の取引を例題として取り上げ、できるだけ従来の処理と収益認識基準が適用になった場合の処理の相違を記述するとともに、平易な文言と図や仕訳を交えた解説により、実務上の留意点を具体的に理解していただけます。

本書は、みのり監査法人のパートナーである公認会計士が多くのJA 監査での実務経験を踏まえ、現場目線で実務に資するよう執筆しました。

ぜひ、会計部門だけでなく、各所で本書を活用していただきたいと思います。

2019 年 10 月

みのり監査法人

理事長　大森 一幸

はしがき

2021年4月1日以降開始する事業年度の期首から、「収益認識に関する会計基準」（企業会計基準第29号）及び「収益認識に関する会計基準の適用指針」（企業会計基準適用指針第30号）が適用されることになりました。わが国ではこれまで、企業会計原則の実現主義の考え方を基本として収益認識に関する会計処理を行ってきましたが、これに関する包括的な基準はありませんでした。そこで、国際的な会計基準との整合性を図るため、IFRS第15号「顧客との契約から生じる収益」をもとに開発されたのが本会計基準です。

本基準は、一般に公正妥当と認められる会計基準であることから、JAにも当然に適用されることになります。JAが行う業務はさまざまであり、各業務に係る収益認識については、会計慣行及び業界慣行を考慮のうえ取引の実態に合わせて個別具体的な判断をすることが求められます。今後は、本基準に従って会計処理を行うこととなりますが、JAが扱う業務の幅広さから、その影響も広範囲になるものと思われます。ただし、「金融商品に関する会計基準」及び保険法における定義を満たす保険契約等については、本基準の適用範囲外です。したがって、影響が大きいのは、主に「経済事業」に関係する処理ということになります。本書では、この「経済事業」に関する会計処理を中心に解説していますが、加えて、総合JAが多い実態を考慮し、信用事業・共済事業の主な収益認識に関する事例も設けています。

本書は、本基準がJAの会計実務にもたらす影響の大きさ（IFRSを基本とした原則主義的な内容となっており、具体的な処理方法の記載があまりないこと）に鑑み、できる限り理解しやすく、具体的な事例をもとに実務に直結した解説を行うというコンセプトで執筆しました。

構成としては、まず第1章で収益認識に関する基準の全体的な説明をし、第2章でJA特有の取引例をもとに具体的な会計処理を解説しています。この設例では、できるだけ実際に行われる取引を想定しており、ポイント、使用する基準の説明、設例へのあてはめ、仕訳例の流れで理解していただけます。また、各章とも図表をふんだんに使用し、平易な言葉で説明することで、容易に理解できるよう心がけました。

なお、今後、本基準が本格的に運用されていく過程で、収益認識の処理は変化していく可能性があります。本書では、より実務に資するため、実践的な設例をもとに具体的な仕訳までを示していますが、その処理は、あくまでも当該設例に対する一つの見解にすぎず、同じような取引であっても契約内容によって実態が異なっていたり、契約にない慣例等が含まれていたりする場合には、本書で示した判断と異なる収益認識になるケースもあることにご留意ください。

本書をきっかけに、JA の皆様の間で収益認識に関する処理の議論が活発化し、より実態に合致した収益認識が行われるようになれば幸いです。

最後になりましたが、本書のコンセプトに賛同いただき、企画から刊行まで多大なるご協力をいただきました、株式会社清文社の杉山七恵氏に厚く御礼申し上げます。

2019 年 10 月

みのり監査法人

執筆者一同

JAのための
収益認識基準の会計実務
［目 次］

第1章 新しい収益認識基準

第4節 重要性等に関する代替的な取扱い……61

第5節 開 示……68

第2章

設例

第1節 購買事業 74

第2節 販売事業 127

凡例

収益認識会計基準……企業会計基準第29号「収益認識に関する会計基準」

収益認識適用指針……企業会計基準適用指針第30号「収益認識に関する会計基準の適用指針」

- 「収益認識会計基準」と「収益認識適用指針」を総称して「収益認識基準」という。

金融商品会計基準……企業会計基準第10号「金融商品に関する会計基準」

金融商品実務指針……金融商品会計に関する実務指針

※本書の内容は、2019年10月1日現在の法令通達等によります。

新しい
収益認識基準

第1節

収益認識基準の概要

❶収益認識基準開発の経緯

従来の日本基準では、企業会計原則の損益計算書原則において、「売上高は、実現主義の原則に従い、商品等の販売又は役務の給付によって実現したものに限る」とされ、収益の認識は実現主義によることが示されているほか、工事契約やソフトウェアなど特定の契約又は取引の収益に関する会計処理を定めていますが、収益の認識及び測定に関する包括的な会計基準は存在しませんでした。そのため、業種における実務慣行や税法を踏まえた処理など多様な実務が存在すると考えられます。

一方で、国際的な会計基準では、国際会計基準審議会（IASB）及び米国財務会計基準審議会（FASB）が、共同して収益認識に関する包括的な会計基準を開発し、2014年5月に「顧客との契約から生じる収益」（IASBにおいては「IFRS第15号」、FASBにおいては「Topic606」）を公表しました。両基準は、文言レベルでおおむね同一の基準となっており、両基準の適用後は、企業の重要な財務情報である収益に関し、日本を除く多くの国で共通の基準により処理されることとなりました。

このような状況を踏まえ、日本においても収益認識に関する包括的な会計基準の必要性が高まり、2018年3月、企業会計基準委員会（ASBJ）は、「収益認識に関する会計基準」（以下、「収益認識会計基準」という）及び「収益認識に関する会計基準の適用指針」（以下、「収益認識適用指針」といい、「収益認識会計基準」と「収益認識適用指針」をあわせて「収益認識基準」という）を公表しました。

【図表 1-1】収益認識基準開発の経緯

日本基準

- ◆ 企業会計原則において、「売上高は、実現主義の原則に従い、商品等の販売又は役務の給付によって実現したものに限る」とされ、収益の認識は実現主義によることが示されているのみ
- ◆ 工事契約やソフトウェアなど特定の契約又は取引の収益に関する会計処理を除き、収益の認識及び測定に関する包括的な会計基準は存在しない
- ◆ 業種における実務慣行や税法を踏まえた処理など多様な実務が存在

国際的な基準

- ◆ 国際会計基準審議会（IASB）及び米国財務会計基準審議会（FASB）が、共同して収益認識に関する包括的な会計基準を開発
- ◆ 2014年5月に「顧客との契約から生じる収益」（IASB:「IFRS第15号」、FASB:「Topic 606」）を公表
- ◆ 両基準は、文言レベルで概ね同一の基準となっており、両基準の適用後は、企業の重要な財務情報である収益に関し、日本を除く多くの国で共通の基準により処理

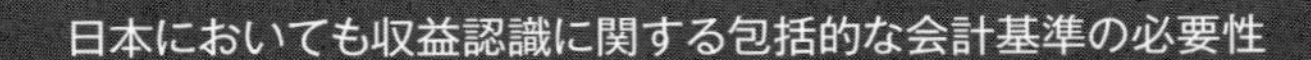

日本においても収益認識に関する包括的な会計基準の必要性

企業会計基準委員会（ASBJ）は2018年3月に、
「収益認識に関する会計基準」及び「収益認識に関する会計基準の適用指針」を公表

❷開発にあたっての基本的な方針

1.　基本的な方針

ASBJ は、収益認識基準の開発にあたっての基本的な方針として、IFRS 第 15 号と整合性を図る便益の一つである国内外の企業間における財務諸表の比較可能性の観点から、IFRS 第 15 号の基本的な原則を取り入れることを出発点とし、会計基準を定めることとしました。

また、これまで我が国で行われてきた実務等に配慮すべき項目がある場合には、比較可能性を損なわせない範囲で代替的な取扱いを追加することとしました。

2.　連結財務諸表に関する方針

連結財務諸表に関しては、前記の「基本的な方針」のもと、次の開発方針を

定めました。

①　IFRS 第 15 号の定めを基本的にすべて取り入れる。

②　適用上の課題に対応するために、代替的な取扱いを追加的に定める。代替的な取扱いを追加的に定める場合、国際的な比較可能性を大きく損なわせないものとすること基本とする。

上記①の方針を定めた理由は以下のとおりです。

- 収益認識に関する包括的な会計基準の開発の意義の一つとして、国際的な比較可能性の確保が重要なものと考えられること
- IFRS 第 15 号は、5 つのステップに基づき、履行義務の識別、取引価格の配分、支配の移転による収益認識等を定めており、部分的に採用することが困難であると考えられること

3.　個別財務諸表に関する方針

個別財務諸表に関しては、以下を理由に、基本的には連結財務諸表と同一の会計処理を定めることとしました。

- これまでに開発してきた会計基準では、基本的に連結財務諸表と個別財務諸表において同一の会計処理を定めてきたこと
- 連結財務諸表と個別財務諸表で同一の内容としない場合、企業が連結財務諸表を作成する際の連結調整に係るコストが生じること
- 連結財務諸表と個別財務諸表で同一の内容とする場合、中小企業等における負担が懸念されるが、重要性等に関する代替的な取扱いの定めを置くこと等により一定程度実務における対応が可能となること

【図表 1-2】開発にあたっての基本的な方針

基本的な方針
◆ 国内外の企業間における財務諸表の比較可能性の観点から、IFRS第15号の基本的な原則を取り入れる。 ◆ 実務等に配慮すべき項目がある場合には、比較可能性を損なわせない範囲で代替的な取扱いを追加する。

連結財務諸表に関する方針	個別財務諸表に関する方針
◆ IFRS第15号の定めを基本的にすべて取り入れる。 ◆ 適用上の課題に対応するために、代替的な取扱いを追加的に定める。	◆ 基本的には連結財務諸表と同一の会計処理を定める。
（理由） ✓ 収益認識に関する包括的な会計基準の開発の意義の1つとして、国際的な比較可能性の確保が重要なものと考えられること ✓ IFRS第15号は、5つのステップに基づき、履行義務の識別、取引価格の配分、支配の移転による収益認識等を定めており、部分的に採用することが困難であると考えられること	（理由） ✓ これまでに開発してきた会計基準では、基本的に連結財務諸表と個別財務諸表において同一の会計処理を定めてきたこと ✓ 同一の内容としない場合、企業が連結財務諸表を作成する際の連結調整に係るコストが生じること ✓ 同一の内容とする場合、中小企業等における負担が懸念されるが、重要性等に関する代替的な取扱いの定めを置くこと等により一定程度実務における対応が可能となること

❸ 適用範囲

収益認識基準は、IFRS 第 15 号と同様に、顧客との契約から生じる収益に関する会計処理及び開示に適用され、顧客との契約から生じるものではない取引又は事象から生じる収益については、適用範囲に含まれません。すなわち、契約の相手方が、対価と交換に企業の通常の営業活動により生じたアウトプットである財又はサービスを得るために当該企業と契約した当事者である場合にのみ、収益認識基準が適用されます。

ただし、顧客との契約から生じる収益であっても、**【図表 1-3】**の（1）から（6）については、収益認識基準の適用範囲から除かれます。

【図表 1-3】収益認識基準の適用範囲から除外される取引

(1)	企業会計基準第 10 号「金融商品に関する会計基準」（以下「金融商品会計基準」という）の範囲に含まれる金融商品に係る取引
(2)	企業会計基準第 13 号「リース取引に関する会計基準」（以下「リース会計基準」という）の範囲に含まれるリース取引
(3)	保険法（平成 20 年法律第 56 号）における定義を満たす保険契約
(4)	顧客又は潜在的な顧客への販売を容易にするために行われる同業他社との商品又は製品の交換取引
(5)	金融商品の組成又は取得に際して受け取る手数料
(6)	日本公認会計士協会　会計制度委員会報告第 15 号「特別目的会社を活用した不動産の流動化に係る譲渡人の会計処理に関する実務指針」の対象となる不動産（不動産信託受益権を含む）の譲渡

❹用語の定義

収益認識基準では、IFRS 第 15 号における用語の定義のうち、必要と考えられるものについて、収益認識基準の用語の定義に含めています。収益認識基準における用語の定義は、**【図表 1-4】**のとおりです。

【図表 1-4】収益認識基準における用語の定義

用　語	定　　義
契約	法的な強制力のある権利及び義務を生じさせる複数の当事者間における取決めをいう。
顧客	対価と交換に企業の通常の営業活動により生じたアウトプットである財又はサービスを得るために当該企業と契約した当事者をいう。
履行義務	顧客との契約において、次の（1）又は（2）のいずれかを顧客に移転する約束をいう。 （1）別個の財又はサービス（あるいは別個の財又はサービスの束） （2）一連の別個の財又はサービス（特性が実質的に同じであり、顧客への移転のパターンが同じである複数の財又はサービス）

取引価格	財又はサービスの顧客への移転と交換に企業が権利を得ると見込む対価の額（第三者のために回収する額を除く）をいう。
独立販売価格	財又はサービスを独立して企業が顧客に販売する場合の価格をいう。
契約資産	企業が顧客に移転した財又はサービスと交換に受け取る対価に対する企業の権利（債権を除く）をいう。
契約負債	財又はサービスを顧客に移転する企業の義務に対して、企業が顧客から対価を受け取ったもの又は対価を受け取る期限が到来しているものをいう。
債権	企業が顧客に移転した財又はサービスと交換に受け取る対価に対する企業の権利のうち無条件のもの（対価に対する法的な請求権）をいう。
工事契約	仕事の完成に対して対価が支払われる請負契約のうち、土木、建築、造船や一定の機械装置の製造等、基本的な仕様や作業内容を顧客の指図に基づいて行うものをいう。
受注制作のソフトウェア	契約の形式にかかわらず、特定のユーザー向けに制作され、提供されるソフトウェアをいう。
原価回収基準	履行義務を充足する際に発生する費用のうち、回収することが見込まれる費用の金額で収益を認識する方法をいう。

5 適用時期等

1. 適用時期

収益認識基準の適用時期は、【図表 1-5】のとおりです。原則適用の場合、最初に適用されるのは、2022 年 3 月期となります。

【図表 1-5】収益認識基準の適用時期

原則適用	2021 年 4 月 1 日以後開始する事業年度の期首から
早期適用	**[期首から適用する場合]** 2018 年 4 月 1 日以後開始する事業年度の期首から **[期末から適用する場合]** 2018 年 12 月 31 日に終了する事業年度から 2019 年 3 月 30 日に終了する事業年度までにおける年度末の財務諸表から

【図表 1-6】収益認識基準の適用スケジュール

2.　適用初年度の取扱い

収益認識基準の適用初年度においては、会計基準等の改正に伴う会計方針の変更として取り扱います。また、新たな会計方針を適用する方法としては、以下の2つが認められています。

① 新たな会計方針を過去の期間のすべてに遡及適用する。

② 適用初年度の期首より前に新たな会計方針を遡及適用した場合の適用初年度の累積的影響額を、適用初年度の期首の利益剰余金に加減し、当該期首残高から新たな会計方針を適用する。

⑥ 会計処理の基本となる原則

収益認識基準の基本となる原則は、約束した財又はサービスの顧客への移転を当該財又はサービスと交換に企業が権利を得ると見込む対価の額で描写するように、収益を認識することです。

この基本となる原則に従って収益を認識するために、【図表 1-7】に示した5つのステップを適用します。

【図表 1-7】収益認識における5つのステップ

【ステップ1】契約の識別	顧客との契約を識別する。
【ステップ2】履行義務の識別	【ステップ1】で識別した契約における履行義務を識別する。
【ステップ3】取引価格の算定	【ステップ1】で識別した契約における取引価格を算定する。
【ステップ4】取引価格の配分	【ステップ2】で識別した各履行義務に【ステップ3】で算定した取引価格を配分する。
【ステップ5】収益の認識	【ステップ4】で配分された価格に基づき、履行義務を充足した時に又は充足するにつれて収益を認識する。

設例 1-1　5つのステップの適用例

1. 前提条件

- A社はB社に機械Xの販売と2年間の保守サービスを提供する1つの契約を当期首に12,000千円で締結した。
- A社は当期首に機械XをB社に引き渡し、当期首から翌期末まで保守サービスを提供する。

2. 5つのステップの適用

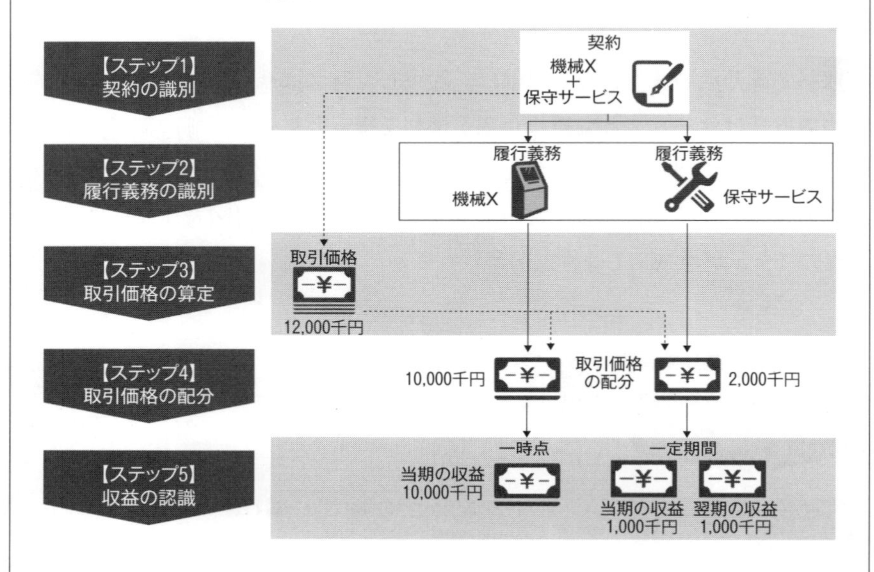

3. 結論

機械Xについては、当期に10,000千円を収益認識し、保守サービスについては、当期と翌期に1,000千円ずつ収益認識する。

❼従来の日本基準との比較

前述のとおり、収益認識基準では、5つのステップを適用することにより収益が認識されるモデルを採用しており、従来と比較して収益を認識する時期や金額が異なってくる可能性があります。

以下において、5つのステップの順に従来の日本基準又は日本基準における実務と収益認識基準との簡略的な比較を示しています。

【ステップ1】顧客との契約を識別する

(1) 契約の識別

従来の日本基準又は実務	収益認識基準
・契約の識別に関する一般的な定めはない。	・書面による場合のみならず、口頭や取引慣行による場合も含まれる。

(2) 契約の結合

従来の日本基準又は実務	収益認識基準
・工事契約及び受注制作のソフトウェアについては一定の定めが存在するものの、契約の結合に関する一般的な定めはない。	・同一顧客とほぼ同時に締結した複数の契約について、同一の商業的目的で交渉されたこと等の要件を満たす場合には、それらを結合し単一の契約として処理する。 **【代替的な取扱い】** ・顧客との契約が実質的な取引単位である等の要件に該当する場合、複数の契約を結合せずに収益を認識することができる。 ・工事契約及び受注制作のソフトウェアについて、契約の結合の定めに基づく収益認識の時期及び金額との差異に重要性が乏しい場合、異なる顧客や異なる時点に締結した複数の契約を結合することができる。

(3) 契約変更

従来の日本基準又は実務	収益認識基準
・工事契約及び受注制作のソフトウェアについては一定の定めが存在するものの、契約変更に関する一般的な定めはない。	・複数の会計処理が定められており、契約変更ごとに要件を判断して処理する。 **【代替的な取扱い】** ・重要性が乏しい場合、複数の会計処理のうちのいずれの会計処理も適用することができる。

【ステップ2】契約における履行義務を識別する

(4) 履行義務の識別

従来の日本基準又は実務	収益認識基準
• 工事契約及びソフトウェア取引については一定の定めが存在するものの、収益認識単位に関する一般的な定めはない。	• 顧客との契約において提供する財又はサービスを履行義務と呼ばれる単位に分割して識別する。 **【代替的な取扱い】** • 重要性が乏しい財又はサービス及び出荷・配送活動について、履行義務として識別しないことができる。

(5) 財又はサービスに対する保証

従来の日本基準又は実務	収益認識基準
• 企業会計原則注解(注18)に製品保証引当金が例示されており、引当金を計上し費用を認識していると考えられる。	• 財又はサービスに対する保証が合意された仕様に従って機能することの保証である場合、企業会計原則注解(注18)に定める引当金として処理する。また、顧客にサービスを提供する保証である場合、履行義務として識別する。

(6) 本人と代理人の区分（総額表示又は純額表示）

従来の日本基準又は実務	収益認識基準
• ソフトウェア取引については一定の定めが存在するものの、収益の総額表示又は純額表示に関する一般的な定めはない。	• 企業が認識すべき収益の額を決定するために、顧客への財又はサービスの提供における企業の役割（本人又は代理人）を判断する。企業が本人に該当する場合は総額で認識し、代理人に該当する場合は純額で認識する。

(7) 追加の財又はサービスを取得するオプションの付与（ポイント制度等）

従来の日本基準又は実務	収益認識基準
• 追加取得するオプションに関する一般的な定めはない。実務上、将来にポイントとの交換に要すると見込まれる費用を引当金として計上する処理が多いと考えられる。	• ポイントが重要な権利を顧客に提供すると判断される場合、当該ポイント部分について履行義務として識別し、収益の計上が繰り延べられる。顧客に付与するポイントについての引当金処理は認められない。

(8) ライセンスの供与

従来の日本基準又は実務	収益認識基準
• ライセンスに関する一般的な定めはない。入金時に収益を認識する方法や契約期間にわたり収益を認識する方法などさまざまな実務が存在していると考えられる。	• ライセンスの性質に応じて、一定の期間にわたり収益を認識するか又は一時点で収益を認識するかを判断する。

【ステップ3】取引価格を算定する

(9) 取引価格の算定（第三者のために回収される額）

従来の日本基準又は実務	収益認識基準
• 取引価格の算定に関する一般的な定めはない。消費税等の会計処理については、税抜方式と税込方式が認められている。	• 第三者のために回収される額(例えば、消費税等）を除いて取引価格を算定する。消費税等の税込方式による会計処理は認められない。

(10) 変動対価（売上リベート、仮価格による取引等）

従来の日本基準又は実務	収益認識基準
• 変動対価に関する一般的な定めはない。例えば、売上リベートについては、支払の可能性が高いと判断された時点で収益の減額、又は販売費として計上されていることが多いと考えられる。また、仮価格による取引については、販売時に仮価格で収益を認識し、その後顧客との交渉状況に応じて金額の見直しを行っていることが多いと考えられる。	• 売上リベートや仮価格による取引等、取引の対価に変動性のある金額が含まれる場合、その変動部分の額を見積り、認識した収益の著しい減額が発生しない可能性が高い部分に限り取引価格に含める。

(11) 契約における重要な金融要素

従来の日本基準又は実務	収益認識基準
• 重要な金融要素に関する一般的な定めはない。	• 契約に重要な金融要素が含まれる場合、取引価格の算定にあたっては、対価の額に含まれる金利相当分の影響を調整する。

（12）顧客に支払われる対価

従来の日本基準又は実務	収益認識基準
• 顧客に支払われる対価に関する一般的な定めはない。収益から控除する会計処理と販売費として処理する実務のいずれも見受けられる。	• 原則として、キャッシュ・バック等の顧客への支払は取引価格から減額する。

（13）返品権付きの販売

従来の日本基準又は実務	収益認識基準
• 企業会計原則注解（注 18）に返品調整引当金が例示されており、返品に重要性がある場合には、売上総利益相当額に基づき返品調整引当金が計上されている。	• 予想される返品部分に関しては、変動対価に関する定めに従って、販売時に収益を認識しない。返品調整引当金の計上は認められない。

【ステップ 4】契約における履行義務に取引価格を配分する

（14）独立販売価格に基づく配分

従来の日本基準又は実務	収益認識基準
• ソフトウェア取引については一定の定めが存在するものの、独立販売価格の配分に関する一般的な定めはない。	• 履行義務に対して、契約の取引価格をそれぞれの独立販売価格の比率で配分する。独立販売価格が直接観察できない場合は、所定の方法により見積もる。 **【代替的な取扱い】** • 重要性が乏しい財又はサービスについて、残余アプローチの使用により、簡便的に独立販売価格を見積もることができる。

【ステップ5】履行義務を充足した時に又は充足するにつれて収益を認識する

（15）一定の期間にわたり充足される履行義務

従来の日本基準又は実務	収益認識基準
• 企業会計原則においては、一定の契約に従って継続して役務の提供を行う場	• 財又はサービスに対する支配が顧客に一定の期間にわたり移転することとな

合には、時間の経過を基礎として収益を認識することとされている。 ・工事契約に関しては、工事の進捗部分について成果の確実性が認められる場合には、工事進行基準が適用される。	る要件に該当する場合には、財又はサービスを顧客に移転する履行義務を充足するにつれて、一定の期間にわたり収益を認識する。 **【代替的な取扱い】** ・期間がごく短い工事契約及び受注制作のソフトウェアについて、一時点で収益を認識することができる。 ・船舶による運送サービスについて、一航海の単位で一定の期間にわたり収益を認識することができる。 ・契約の初期段階において、履行義務の充足に係る進捗度を合理的に見積もることができない場合には、当該契約の初期段階に収益を認識しないことができる。

(16) 一時点で充足される履行義務

従来の日本基準又は実務	収益認識基準
・企業会計原則においては、物品の販売に関して、実現主義の原則に従い、商品等の販売によって実現したものに限り収益を認識することとされている。実務上は、出荷基準、引渡基準又は検収基準等が採用されている。 ・割賦販売については、割賦金の回収期限の到来の日又は入金の日に収益を認識することも認められている(割賦基準)。	・一定の期間にわたり収益を認識する要件に該当しない場合、財又はサービスを顧客に移転し履行義務が充足された一時点で収益を認識する。 ・割賦販売における割賦基準に基づく収益認識は認められない。 **【代替的な取扱い】** ・国内の販売において、出荷時から商品又は製品の支配が顧客に移転される時までの期間が通常の期間である場合、出荷時点等に収益を認識することができる。

(17) 顧客により行使されない権利(商品券等)

従来の日本基準又は実務	収益認識基準
・顧客により行使されない権利に関する一般的な定めはない。発行した商品券等については、一定期間経過後に一括	・未使用になると見込む部分に関しては、他の使用部分の収益の認識に比例して収益を認識する。これに該当しな

して未使用部分を収益として認識する実務が見受けられる。	い未使用部分に関しては、使用される可能性が極めて低くなったと判断された時点で収益を認識する。

(18) 返金が不要な契約における取引開始日の顧客からの支払

従来の日本基準又は実務	収益認識基準
• 返金が不要な顧客からの支払に関する一般的な定めはない。実務上、返金を要しない入会金等は、入金時に一括して収益を認識する処理と契約期間で配分する処理が見受けられる。	• 原則として、返金が不要な契約における取引開始日の顧客からの支払は、将来の財又はサービスに対する前払であるため、当該財又はサービスが提供された時に収益を認識する。

(19) 買戻契約

従来の日本基準又は実務	収益認識基準
• 買戻契約に関する一般的な定めはない。	• 契約条件に応じ、リース取引、金融取引又は返品権付きの販売のいずれかとして処理する。 **【代替的な取扱い】** • 有償支給取引について、企業が支給品を買い戻す義務を負っている場合でも、個別財務諸表においては、支給品の譲渡時に当該支給品の消滅を認識することができる。

(20) 委託販売契約

従来の日本基準又は実務	収益認識基準
• 企業会計原則では、受託者が委託品を販売した日に収益を認識することとされているが、仕切精算書が販売のつど送付されている場合には、当該仕切精算書が到達した日をもって収益を認識することも認められている。	• 契約が委託販売契約であるかを判断するための指標を設けている。

(21) 請求済未出荷契約

従来の日本基準又は実務	収益認識基準
• 請求済未出荷契約に関する一般的な定めはない。実務上、物品の保管が顧客の要請によるもので対価を顧客に請求できる場合、請求時に収益を認識している例と物品の実際の引渡時に収益を認識している例が見受けられる。	• 収益の認識時点を判断するための指標を設けている。

❽ JAへの適用により想定される影響

総合事業を営むJAにおいては、信用事業や共済事業、経済事業などさまざまな事業を行っているため、収益認識基準が適用された場合、多くの事業に影響を及ぼすことが想定されますが、上記「❸適用範囲」のとおり、金融商品に係る取引や保険契約は対象外とされているため、信用事業及び共済事業については、収益認識基準の適用による影響はほとんどないと考えられます。一部の手数料収入については適用対象となる可能性があるものの、取引は単純なものが多く、収益認識の時期や金額が問題となるような取引はほとんどないものと思われます。

一方で、経済事業については、事業の大枠は共通しているものの、個々の取引においては県域やJAによって多様な処理が行われていると考えられます。そのため、具体的な会計処理を検討するに際しては、JAごとに個々の取引について、現状把握と収益認識基準適用による影響を詳細に分析する必要があります。収益認識基準の適用は、会計処理の変更のみならず、業務プロセスやシステムの変更を伴う場合もあるため、十分な分析のもと慎重に対応を進めることが重要となります。

なお、収益認識基準をJAに適用した場合の具体的な取引例とポイントについては、第2章で設例を用いて解説しています。

第2節

基本となる5つのステップ

❶契約の識別（ステップ1）

5つのステップを取引に適用するには、まず、顧客との契約を識別します。

1. 契約の識別要件

収益認識基準を適用するにあたっては、以下のすべてを満たす顧客との契約を識別する必要があります。

① 当事者が、書面、口頭、取引慣行等により契約を承認し、それぞれの義務の履行を約束していること
② 移転される財又はサービスに関する各当事者の権利を識別できること
③ 移転される財又はサービスの支払条件を識別できること
④ 契約に経済的実質があること（すなわち、契約の結果として、企業の将来キャッシュ・フローのリスク、時期又は金額が変動すると見込まれること）
⑤ 顧客に移転する財又はサービスと交換に企業が権利を得ることとなる対価を回収する可能性が高いこと

顧客との契約が、取引開始日において上記の要件を満たす場合には、事実及び状況の重要な変化の兆候がない限り、当該要件を満たすかどうかについて見直しを行う必要はありません。

〈適用上のポイント〉

- 契約とは、法的な強制力のある権利及び義務を生じさせる複数の当事者間における取決めであり、書面による場合だけでなく、口頭、取引慣行等により成立する場合もある。
- 契約の当事者のそれぞれが、他の当事者に補償することなく完全に未履行の契約を解約する一方的で強制力のある権利を有している場合は、収益認識基準を適用しない。

2.　契約の結合

収益認識基準は、顧客との個々の契約を対象として適用されますが、同一の顧客（当該顧客の関連当事者を含む）と同時又はほぼ同時に締結した複数の契約が、以下のいずれかに該当する場合には、当該複数の契約を結合し、単一の契約とみなして処理する必要があります。

①　複数の契約が同一の商業的目的を有するものとして交渉されたこと

②　1つの契約において支払われる対価の額が、他の契約の価格又は履行により影響を受けること

③　複数の契約において約束した財又はサービスが、単一の履行義務となること

〈適用上のポイント〉

- 複数の契約を個々の契約として処理するか単一の契約として処理するかにより、収益認識の時期及び金額が異なる可能性があるため、複数の契約がある場合は上記の要件に従って判断することが求められる。

3.　契約変更

契約変更は、契約の当事者が承認した契約の範囲又は価格（あるいはその両方）の変更であり、契約の当事者が、契約の当事者の強制力のある権利及び義

務を新たに生じさせる変更、または変化させる変更を承認した場合に生じます。

契約変更が生じた場合は、変更内容に応じて以下のように取り扱われます。

① 契約変更を独立した契約として処理する場合

契約変更が、以下の要件のいずれも満たす場合には、契約変更を独立した契約として処理します。

ア．別個の財又はサービスの追加により、契約の範囲が拡大されること

イ．変更される契約の価格が、追加的に約束した財又はサービスに対する独立販売価格に適切な調整を加えた金額分だけ増額されること

② 契約変更を独立した契約として処理しない場合

契約変更が、前記①の要件を満たさない場合は、契約変更日において未だ移転していない財又はサービスが契約変更日以前に移転した財又はサービスと別個のものであるかを判断します。別個のものである場合は、契約変更を既存の契約を解約して新しい契約を締結したものと仮定して処理します。別個のものでない場合は、契約変更を既存の契約の一部であると仮定して処理します。

〈適用上のポイント〉

- いずれの方法で処理するかにより、収益認識の時期及び金額が異なる可能性があるため、契約変更が生じた場合は、上記の要件に従って判断することが求められる。

❷ 履行義務の識別（ステップ2）

【ステップ2】では、【ステップ1】で識別した契約における履行義務を識別し、個別に収益を認識する単位を決定します。

1.　履行義務の定義

契約における取引開始日に、顧客との契約において約束した財又はサービスを評価し、以下のいずれかを顧客に移転する約束のそれぞれについて履行義務として識別します。

①　別個の財又はサービス（あるいは別個の財又はサービスの束）（下記**2**参照）

②　一連の別個の財又はサービス（特性が実質的に同じであり、顧客への移転のパターンが同じである複数の財又はサービス）

上記②における一連の別個の財又はサービスは、以下の要件のいずれも満たす場合には、顧客への移転のパターンが同じであるものとされます。

ア．一連の別個の財又はサービスのそれぞれが、一定の期間にわたり充足される履行義務の要件を満たすこと

イ．履行義務の充足に係る進捗度の見積りに同一の方法が使用されること

〈適用上のポイント〉

- 契約を履行するための活動は、その活動により財又はサービスが顧客に移転する場合を除き履行義務ではない（例えば、サービス提供企業が行う契約管理活動など）。
- 契約書等に明示されていない場合でも、取引慣行等により顧客が財又はサービスの移転について合理的な期待を有している場合には、当該財又はサービスについても履行義務として識別されることがある。

2.　別個の財又はサービス

顧客に約束した財又はサービスが別個のものと判断されるためには、以下の要件のいずれも満たす必要があります。

①　当該財又はサービスから単独で顧客が便益を享受することができること、あるいは、当該財又はサービスと顧客が容易に利用できる他の資源を

組み合わせて顧客が便益を享受することができること（当該財又はサービスが別個のものとなる可能性があること）

② 当該財又はサービスを顧客に移転する約束が、契約に含まれる他の約束と区分して識別できること（当該財又はサービスを顧客に移転する約束が契約の観点において別個のものとなること）

上記②を判定するにあたり、財又はサービスを顧客に移転する複数の約束が区分して識別できないことを示す要因には、例えば、以下のものがあります。

ア. 当該財又はサービスをインプットとして使用し、契約において約束している他の財又はサービスとともに、顧客が契約した結合後のアウトプットである財又はサービスの束に統合する重要なサービスを提供していること

イ. 当該財又はサービスの１つ又は複数が、契約において約束している他の財又はサービスの１つ又は複数を著しく修正する又は顧客仕様のものとするか、あるいは他の財又はサービスによって著しく修正される又は顧客仕様のものにされること

ウ. 当該財又はサービスの相互依存性又は相互関連性が高く、当該財又はサービスのそれぞれが、契約において約束している他の財又はサービスの１つ又は複数により著しく影響を受けること

〈適用上のポイント〉

- 上記①を判定するにあたり、顧客が当該財又はサービスをどのように使用するかは考慮する必要がなく、たとえ顧客が企業以外から容易に利用できる資源の獲得が制限されていても、そのような制限は考慮しない。

設例 2-1　**設備の販売と据付サービス**

1. 前提条件

- Ａ社は設備Ｘの販売と据付サービスを提供する契約をＢ社（顧客）と締

結した。
- 設備Ｘは B 社の独自仕様ではなく、単独で稼働できる。
- 設備Ｘの据付は特別な作業を必要とせず、同業他社も据付サービスを提供することができる。

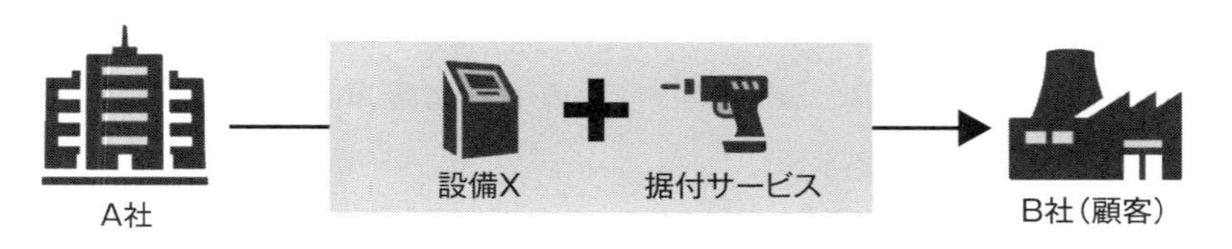

2. 設備Ｘと据付サービスが別個の財又はサービスであるかの判定

① 財又はサービスが別個のものとなる可能性があるか？
- B 社は設備Ｘを売却することにより単独で又は容易に利用できる他の資源（例えば、A 社以外から提供される据付サービス）と組み合わせて便益を享受ことができる。

② 財又はサービスを顧客に移転する約束が契約の観点において別個のものとなるか？
- A 社は設備Ｘの移転と据付サービスを別に履行できるため、重要な統合サービスを提供していない。
- A 社の据付サービスは、設備Ｘを著しく修正する又は顧客仕様のものとするものではない。
- 設備Ｘと据付サービスは、それぞれが他方に著しい影響を与えないため、相互依存性及び相互関連性は高くない。

3. 結論

設備Ｘと据付サービスは、別個の財又はサービスである。

❸取引価格の算定（ステップ３）

【ステップ 3】では、【ステップ 1】で識別した契約における取引価格を算定します。

1.　取引価格の定義

取引価格とは、財又はサービスの顧客への移転と交換に企業が権利を得ると見込む対価の額（ただし、第三者のために回収する額を除く）をいいます。取引価格を算定する際には、以下のすべての影響を考慮する必要があります。

①　変動対価（下記**2**参照）
②　契約における重要な金融要素（下記**3**参照）
③　現金以外の対価（下記**4**参照）
④　顧客に支払われる対価（下記**5**参照）

〈適用上のポイント〉

- 上記を考慮して算定した取引価格は、契約上の金額と一致しないこともある。
- 取引価格には、第三者のために回収する額は含まれないため、消費税等の税込方式による会計処理は認められない。
- たばこ税、揮発油税、酒税等については、収益から控除すべきか検討が必要となる。

2.　変動対価

変動対価とは、顧客と約束した対価のうち変動する可能性のある部分をいいます。顧客と約束した対価に変動対価が含まれる場合は、財又はサービスの顧客への移転と交換に企業が権利を得ることとなる対価の額を見積もる必要があります。

変動対価が含まれる取引の例として、値引き、リベート、返金、インセンティブ、業績に基づく割増金、ペナルティー等の形態により対価の額が変動する場合や、返品権付きの販売等があります。

変動対価の額の見積りにあたっては、以下のいずれかの方法のうち、企業が権利を得ることとなる対価の額をより適切に予測できる方法を用いて見積もります。

①　最頻値法

最頻値法は、発生し得ると考えられる対価の額における最も可能性の高い単一の金額（最頻値）による方法で、契約において生じ得る結果が2つしかない場合には、変動対価の額の適切な見積りとなる可能性があります。

②　期待値法

期待値法は、発生し得ると考えられる対価の額を確率で加重平均した金額（期待値）による方法で、特性の類似した多くの契約を有している場合には、変動対価の額の適切な見積りとなる可能性があります。

上記の最頻値法又は期待値法に従って見積もられた変動対価の額については、変動対価の額に関する不確実性が事後的に解消される際に、解消される時点までに計上された収益の著しい減額が発生しない可能性が高い部分に限り、取引価格に含めることとされています。

〈適用上のポイント〉

- 変動対価にはさまざまなものが該当するため、従来と収益認識の金額及び時期が異なる可能性がある。
- 見積もった取引価格は、各決算日に見直す必要がある。

設例 2-2　変動対価の見積方法（最頻値法と期待値法）

1.　前提条件

- A社はB社に対して商品Xを販売する契約を締結した。

【ケース1】

- B社による1年間の購入数量が100個を超えた場合、1,000千円の報奨金がA社から支払われる。

【ケース 2】

- B 社による 1 年間の購入数量が 100 個を超えた場合は 1,000 千円、120 個を超えた場合は 1,500 千円、150 個を超えた場合は 2,000 千円の報奨金が A 社から支払われる。

2．最頻値法か期待値法か

【ケース 1】

- A 社はそれぞれの発生確率を以下のように見積もり、生じ得る結果が 2 つであることから、最頻値法による見積りが適切と判断した。

購入数量	発生確率	報奨金	判定
～100 個	20%	－千円	―
101 個～	80%	1,000 千円	最頻値

【ケース 2】

- A 社はそれぞれの発生確率を以下のように見積もり、特性の類似した複数の結果があることから、期待値法による見積りが適切と判断した。

購入数量	発生確率	報奨金	期待値
～100 個	20%	－千円	－千円
101 個～120 個	40%	1,000 千円	400 千円
121 個～150 個	30%	1,500 千円	450 千円
151 個～	10%	2,000 千円	200 千円
			1,050 千円

3．結論

【ケース 1】では 1,000 千円を、【ケース 2】では 1,050 千円を商品 X の取引価格から減額する。

3. 契約における重要な金融要素

契約の当事者が明示的又は黙示的に合意した支払時期が、通常想定される支払時期と異なることにより、財又はサービスの顧客への移転に係る信用供与についての重要な便益が顧客又は企業に提供される場合があります。このような場合は、顧客との契約に重要な金融要素が含まれるものとされており、取引価格の算定にあたっては、約束した対価の額に含まれる金利相当分の影響を調整する必要があります。

ただし、契約における取引開始日において、約束した財又はサービスを顧客に移転する時点と顧客が支払を行う時点の間が１年以内であると見込まれる場合には、重要な金融要素の影響について約束した対価の額を調整しないことができます。

〈適用上のポイント〉

- 顧客との契約に重要な金融要素が含まれる場合は、収益は財又はサービスに対して顧客が支払うと見込まれる現金販売価格を反映する金額で認識し、対価の額との差額は金利相当分として処理する。

4. 現金以外の対価

企業が提供する財又はサービスの対価として、株式や固定資産等の現金以外の対価を受領する場合があります。このような場合に取引価格を算定するにあたっては、当該対価を時価により算定します。現金以外の対価の時価を合理的に見積もることができない場合は、当該対価と交換に顧客に約束した財又はサービスの独立販売価格を基礎として算定します。

現金以外の対価の時価が変動する理由が、株価の変動等の対価の種類によるものだけではない場合は、変動対価の見積りの制限の定めに従い、変動対価の額に関する不確実性が解消される時点までに計上された収益の著しい減額が発生しない可能性が高い部分に限り、取引価格に含めることとされています。

〈適用上のポイント〉
- 企業による契約の履行に資するために、顧客が材料、設備又は労働等の財又はサービスを企業に提供するケースにおいて、企業が顧客から提供された財又はサービスに対する支配を獲得する場合には、顧客から受け取る現金以外の対価として処理することとなる。

5. 顧客に支払われる対価

企業が顧客に対して現金や企業への支払に充当できるクーポン等の対価を支払う場合があります。このような顧客に支払われる対価は、顧客から受領する別個の財又はサービスと交換に支払われるものである場合を除き、取引価格から減額して処理します。顧客に支払われる対価に変動対価が含まれる場合には、取引価格の見積りを変動対価に関する処理に従って行います。

顧客に支払われる対価を取引価格から減額する場合には、以下のいずれか遅いほうが発生した時点で（又は発生するにつれて）、収益を減額します。

① 関連する財又はサービスの移転に対する収益を認識する時
② 企業が対価を支払うか又は支払を約束する時

〈適用上のポイント〉
- 顧客から受領する別個の財又はサービスと交換に支払われるものである場合は、財又はサービスの購入と同様に処理するが、対価が顧客から受領する財又はサービスの時価を超える場合は、当該超過額を取引価格から減額する。

❹ 履行義務への取引価格の配分（ステップ4）

【ステップ4】では、【ステップ2】で識別した各履行義務に、【ステップ3】で算定した取引価格を配分します。

1.　独立販売価格に基づく配分

契約に複数の履行義務が存在する場合には、それぞれの履行義務に取引価格を配分する必要があります。取引価格の配分は、財又はサービスの顧客への移転と交換に企業が権利を得ると見込む対価の額を描写するように行う必要があり、具体的には、それぞれの履行義務の基礎となる別個の財又はサービスの取引開始日における独立販売価格の比率に基づいて行います。財又はサービスの独立販売価格を直接観測できない場合は、独立販売価格を見積もることが必要となります。

〈適用上のポイント〉

- 財又はサービスの契約上の金額は、当該財又はサービスの独立販売価格と異なる場合があるため留意が必要である。

2.　独立販売価格の見積方法

財又はサービスの独立販売価格を直接観察できない場合は、市場の状況、企業固有の要因、顧客に関する情報等を考慮し、観察可能な入力数値を最大限利用して、独立販売価格を見積もります。独立販売価格の見積方法には、例えば、以下の3つの方法があります。

①　調整した市場評価アプローチ

財又はサービスが販売される市場を評価して、顧客が支払うと見込まれる価格を見積もる方法です。

②　予想コストに利益相当額を加算するアプローチ

履行義務を充足するために発生するコストを見積もり、当該財又はサービスの適切な利益相当額を加算する方法です。

③　残余アプローチ

契約における取引価格の総額から契約において約束した他の財又はサービスについて観察可能な独立販売価格の合計額を控除して見積もる方法です。ただし、この方法は、以下のいずれかに該当する場合に限り、使用できる方法です。

ア．同一の財又はサービスを異なる顧客に同時又はほぼ同時に幅広い価格帯で販売していること（典型的な独立販売価格が識別できないため、販売価格が大きく変動する）

イ．当該財又はサービスの価格を企業が未だ設定しておらず、当該財又はサービスを独立して販売したことがないこと（販売価格が確定していない）

〈適用上のポイント〉
- 残余アプローチは、使用できる状況が限定された方法であるため留意が必要である。

3.　値引きの配分

契約における約束した財又はサービスの独立販売価格の合計額が当該契約の取引価格を超える場合には、顧客に値引きを行っているものとして、当該値引額を契約におけるすべての履行義務に対して比例的に配分します。

ただし、以下の要件のすべてを満たす場合には、契約における履行義務のうち1つ又は複数（ただし、すべてではない）に値引きを配分します。

①　契約における別個の財又はサービス（あるいは別個の財又はサービスの束）のそれぞれを、通常、単独で販売していること

②　当該別個の財又はサービスのうちの一部を束にしたものについても、通常、それぞれの束に含まれる財又はサービスの独立販売価格から値引きして販売していること

③　②における財又はサービスの束のそれぞれに対する値引きが、当該契約の値引きとほぼ同額であり、それぞれの束に含まれる財又はサービスを評価することにより、当該契約の値引き全体がどの履行義務に対するものかについて観察可能な証拠があること

〈適用上のポイント〉
- 値引きについては、要件を満たす場合にのみ特定の履行義務に配分することが必要となり、それ以外の場合には、原則どおり、すべての履行義務に対して独立販売価格の比率で配分することとなる。

設例 2-3　履行義務への取引価格の配分（値引きの配分）

1．前提条件

【ケース１】
- Ａ社は商品Ｘ、商品Ｙ、商品Ｚを合わせて200千円で販売する契約をＢ社と締結した。
- Ａ社は通常、商品Ｘ、商品Ｙ、商品Ｚを独立して販売しており、それぞれ100千円、80千円、60千円の独立販売価格を設定している。

【ケース２】
- 【ケース１】に以下の条件を追加する。
- Ａ社は通常、商品Ｙ、商品Ｚをセットにして100千円で販売している。

2．値引きの配分

【ケース１】
- 取引全体に対する値引き40千円（240千円－200千円）を商品Ｘ、商品Ｙ、商品Ｚの独立販売価格の比率に基づき配分する。

商品	独立販売価格	値引き	取引価格
商品Ｘ	100千円	–17千円	83千円
商品Ｙ	80千円	–13千円	67千円
商品Ｚ	60千円	–10千円	50千円
合計	240千円	–40千円	200千円

商品X：17 千円＝40 千円×100 千円／240 千円
商品Y：13 千円＝40 千円× 80 千円／240 千円
商品Z：10 千円＝40 千円× 60 千円／240 千円

【ケース 2】

- 取引全体の値引き 40 千円が、商品Yと商品Zのセットの値引きと同額であるため、値引き 40 千円を商品Yと商品Zに配分する。

商品	独立販売価格	値引き	取引価格
商品X	100 千円	ー千円	100 千円
商品Y	80 千円	−23 千円	57 千円
商品Z	60 千円	−17 千円	43 千円
合計	240 千円	−40 千円	200 千円

商品X：値引きは配分されない。
商品Y：23=40 千円×80 千円／（80 千円＋60 千円）
商品Z：17=40 千円×60 千円／（80 千円＋60 千円）

❺履行義務の充足による収益の認識（ステップ5）

【ステップ 5】では、【ステップ 4】で各履行義務に配分された価格に基づき、当該履行義務を充足した時に、又は充足するにつれて収益を認識します。

1. 収益認識のタイミング

企業は約束した財又はサービス（以下、「資産」と記載することもある）を顧客に移転することにより履行義務を充足した時に、又は充足するにつれて収益を認識します。資産は、顧客が当該資産に対する支配を獲得した時又は獲得するにつれて移転するため、企業は契約における取引開始日に、各履行義務が一定の期間にわたり充足されるものか、又は一時点で充足されるものかを判定する必要があります。

〈適用上のポイント〉

- 資産に対する支配とは、当該資産の使用を指図し、当該資産からの残りの便益のほとんどすべてを享受する能力をいう。

2.　一定の期間にわたり充足される履行義務

以下の要件のいずれかを満たす場合は、資産に対する支配を顧客に一定の期間にわたり移転することにより、一定の期間にわたり履行義務を充足し収益を認識します。

①　企業が顧客との契約における義務を履行するにつれて、顧客が便益を享受すること

②　企業が顧客との契約における義務を履行することにより、資産が生じる又は資産の価値が増加し、当該資産が生じる又は当該資産の価値が増加するにつれて、顧客が当該資産を支配すること

③　以下の要件のいずれも満たすこと

ア．企業が顧客との契約における義務を履行することにより、別の用途に転用することができない資産が生じること

イ．企業が顧客との契約における義務の履行を完了した部分について、対価を収受する強制力のある権利を有していること

【図表 1-8】一定の期間にわたり充足される履行義務の要件と取引例

	一定の期間にわたり充足される履行義務の要件	取引例
①	企業が義務を履行するにつれて、顧客が便益を享受する。	日常的又は反復的なサービス（清掃サービス等） ➡サービスを顧客が受けるのと同時に消費しているため、企業の履行につれて顧客が便益を享受する。
②	企業が義務を履行することにより、資産が生じる又は価値が増加し、それにつれて顧客が当該資産を支配する。	顧客の土地の上に建設を行う工事契約 ➡顧客は企業の履行から生じる仕掛品を支配している。
③	ア．企業が義務を履行することにより、別の用途に転用不可の資産が生じる。 イ．企業が義務の履行完了部分について、対価を収受する強制力のある権利を有している。	顧客仕様の機械等 ➡顧客向けの特別仕様であるため、別の用途への転用が制限される。 ➡履行を完了した部分についての補償を受ける権利を有している。

〈適用上のポイント〉

- 上記①の要件は、仮に他の企業が顧客に対する残存履行義務を充足する場合に、企業が現在までに完了した作業を他の企業が大幅にやり直す必要がない場合には、該当することとなる。
- 上記③ア．の場合とは、別の用途に容易に使用することが契約上制限されている、あるいは、完成した資産を別の用途に容易に使用することが実務上制約されている場合である。
- 上記③イ．の場合とは、企業が履行しなかったこと以外の理由で契約が解約される際に、少なくとも履行を完了した部分についての補償を受ける権利を有している場合である。

3. 履行義務の充足に係る進捗度

一定の期間にわたり充足される履行義務は、履行義務の充足に係る進捗度を合理的に見積もり、当該進捗度に基づき収益を一定の期間にわたり認識します。

履行義務の充足に係る進捗度を合理的に見積もることができないが、当該履行義務を充足する際に発生する費用を回収することが見込まれる場合には、履行義務の充足に係る進捗度を合理的に見積もることができる時まで、一定の期間にわたり充足される履行義務について原価回収基準により処理します。

履行義務の充足に係る進捗度は、履行義務ごとに単一の方法で見積もり、類似の履行義務及び状況において首尾一貫した方法を適用する必要があります。進捗度の見積方法には、アウトプット法とインプット法があり、財又はサービスの性質を考慮して決定する必要があります。

①　アウトプット法

アウトプット法は、現在までに移転した財又はサービスの顧客にとっての価値を直接的に見積もるものであり、現在までに移転した財又はサービスと契約において約束した残りの財又はサービスとの比率に基づき、収益を認識する方法です。

アウトプット法に使用される指標には、現在までに履行を完了した部分の調査、達成した成果の評価、達成したマイルストーン、経過期間、生産単位数、引渡単位数等があります。

②　インプット法

インプット法は、履行義務の充足に使用されたインプットが契約における取引開始日から履行義務を完全に充足するまでに予想されるインプット合計に占める割合に基づき、収益を認識する方法です。

インプット法に使用される指標には、消費した資源、発生した労働時間、発生したコスト、経過期間、機械使用時間等があります。

〈適用上のポイント〉
- 履行義務の充足に係る進捗度は、各決算日に見直し、当該進捗度の見積りを変更する場合は、会計上の見積りの変更として処理する。

4.　一時点で充足される履行義務

履行義務が一定の期間にわたり充足されるものではない場合には、一時点で充足される履行義務として、資産に対する支配を顧客に移転することにより当該履行義務が充足される時に収益を認識します。そのため、資産に対する支配がいつ顧客に移転したかを決定する必要がありますが、支配の移転を検討する際には、例えば、以下の指標を考慮するとされています。

①　企業が顧客に提供した資産に関する対価を収受する現在の権利を有していること
②　顧客が資産に対する法的所有権を有していること
③　企業が資産の物理的占有を移転したこと
④　顧客が資産の所有に伴う重大なリスクを負い、経済価値を享受していること
⑤　顧客が資産を検収したこと

〈適用上のポイント〉
- 上記の５つの指標は例示であり、１つの指標を満たすことが必ずしも支配の移転を示すものではなく、総合的に判断することが必要である。

第3節
特定の状況又は取引における取扱い

❶ 財又はサービスに対する保証

1. 財又はサービスに対する保証とは

企業は財又はサービスの販売時に、販売後の一定期間に各種の保証を提供する場合があります。例えば、製造業者が製品の初期不良に対して無償修理を行う保証や、販売業者が提供する延長保証などが考えられます。財又はサービスに対する保証は、その内容等に応じて異なる会計処理が定められています。

2. 財又はサービスに対する保証の会計処理

① 財又はサービスが合意された仕様に従っているという保証である場合

約束した財又はサービスに対する保証が、当該財又はサービスが合意された仕様に従っているという保証のみである場合は、財又はサービスを取引価格で収益認識し、保証に要するコストを引当金として処理します。

② 顧客に追加的なサービスを提供する保証の場合

約束した財又はサービスに対する保証が、当該財又はサービスが合意された仕様に従っているという保証に加えて、顧客にサービスを提供する保証（保証サービス）を含む場合は、当該保証サービスを履行義務として識別し、取引価格を財又はサービスと保証サービスに配分します。

③ 合意された仕様に従った保証と保証サービスの両方を含み区分できない場合

財又はサービスに対する保証が、合意された仕様に従っているという保証と保証サービスの両方を含んでおり、それぞれを区分して合理的に処理できない場合は、両方を一括して単一の履行義務として処理し、取引価格の一部を当該履行義務に配分します。

3.　合意された仕様に従った保証と保証サービスの判断

財又はサービスに対する保証が、合意された仕様に従っているという保証に加えて、保証サービスを含むかどうかを判断するにあたっては、例えば、以下の要因を考慮します。

①　財又はサービスに対する保証が法律で要求されているかどうか

②　財又はサービスに対する保証の対象となる期間の長さ

③　企業が履行を約束している作業の内容

〈適用上のポイント〉

- 上記の定めにかかわらず、顧客が財又はサービスに対する保証を単独で購入するオプションを有している場合は、当該保証は別個のサービスであるため履行義務として識別し、取引価格の一部を当該履行義務に配分する。

❷本人と代理人の区分

1.　本人と代理人の区分とは

企業が顧客に財又はサービスを提供する際に、企業と顧客以外の他の当事者が関与している場合があります。そのような場合においては、企業が本人として行動しているか、代理人として行動しているかにより、収益として認識する金額が異なることとなるため、企業が本人と代理人のいずれに該当するのかを判断する必要があります。

2.　本人と代理人の会計処理

企業の履行義務が、財又はサービスを企業が自ら提供することである場合は、企業は本人として行動しており、当該財又はサービスの提供と交換に企業が権利を得ると見込む対価の総額を収益として認識します。

一方、企業の履行義務が、財又はサービスを他の当事者によって提供されるように手配することである場合は、企業は代理人として行動しており、他の当事者により提供されるように手配することと交換に企業が権利を得ると見込む報酬又は手数料の金額（あるいは他の当事者が提供する財又はサービスと交換に受け取る額から当該他の当事者に支払う額を控除した純額）を収益として認識します。

3.　本人と代理人の判定

企業が本人であるか代理人であるかを判定するに際しては、企業が顧客に提供する財又はサービスを識別し、当該財又はサービスのそれぞれが顧客に提供される前に企業が支配しているかどうかを判断します。財又はサービスが顧客に提供される前に企業が支配している場合は、企業は本人に該当し、支配していない場合は、企業は代理人に該当します。

企業が財又はサービスを顧客に提供する前に支配しているかを判定するにあたっては、例えば、以下の指標を考慮します。

①　企業が財又はサービスを提供するという約束の履行に対して主たる責任を有していること

②　財又はサービスが顧客に提供される前、あるいは財又はサービスに対する支配が顧客に移転した後（例えば、顧客が返品権を有している場合）において、企業が在庫リスクを有していること

③　財又はサービスの価格の設定において企業が裁量権を有していること

〈適用上のポイント〉

- 上記の指標は、特定の財又はサービスの性質及び契約条件により、財又はサービスに対する支配への関連度合いが異なり、契約によっては、説得力のある根拠を提供する指標が異なる可能性があるため留意が必要である。

設例 3-1　企業が本人に該当する場合（航空券の販売）

1. 前提条件

- Ａ社は航空会社と交渉し、一般の価格より安く航空券を購入し、自らの顧客に再販売している。
- Ａ社は顧客に再販売できるかどうかにかかわらず、航空会社に航空券の代金を支払う。
- Ａ社は顧客に航空券を販売する価格を自ら決定し、航空券の販売時に顧客から対価を回収する。

2. 本人に該当するか代理人に該当するか

Ａ社は以下の事項を踏まえ、自らは取引における本人に該当すると結論づけた。

- 顧客に提供する特定の財又はサービスは、特定のフライトの座席に対する権利である。
- Ａ社は航空会社から購入する航空券という形式で特定のフライトに搭乗する権利に対する支配を獲得する。
- Ａ社は購入した航空券をどの顧客との契約に使用するかを決定することができ、フライトに対する権利の使用を指図する能力を有しているため、顧客に移転する前に当該権利を支配している。
- Ａ社はフライトに対する権利が顧客に移転する前に支配していると判断する際に、以下の指標も考慮した。

指標	検討内容	判定
約束の履行に対する主たる責任	Ａ社は特定のフライトの座席に対する権利を提供する約束の履行に対する主たる責任を有している。	○
在庫リスク	顧客に販売する前に航空券を購入しており、航空券を転売できるかどうかにかかわらず航空会社に支払義務があるため、航空券の在庫リスクを有している。	○
価格設定の裁量権	Ａ社は航空券の価格を設定する裁量権を有している。	○

3．結論

Ａ社は取引における本人に該当する。

設例3-2　企業が代理人に該当する場合（消化仕入契約）

1．前提条件

- Ａ社はＢ社と消化仕入契約を締結し、Ｂ社から仕入れた商品を店舗に陳列して個人顧客に販売している。
- 店舗にある商品の法的所有権はＢ社が保有しており、顧客への販売時に法的所有権はＢ社からＡ社に移転すると同時に顧客に移転する。
- 商品の保管管理責任及び商品に関するリスクはＢ社が有している。
- 店舗に陳列する商品の品揃えや販売価格の決定権はＢ社が有している。
- Ａ社は商品の販売代金を顧客から受け取り、あらかじめ定められた料率を乗じた金額を手数料として受け取る。

2．本人に該当するか代理人に該当するか

Ａ社は以下の事項を踏まえ、自らは取引における代理人に該当すると結論づけた。

- 顧客に提供する特定の財又はサービスは、Ｂ社が供給する商品である。
- Ａ社は商品の法的所有権を顧客に移転される前に一時的に獲得しているものの、顧客に販売されるまでのどの時点においてもその使用を指図する能力を有していないため、当該商品について顧客に提供される前に支配していない。
- 消化仕入契約においては、Ａ社の履行義務は商品がＢ社から提供されるように手配することである。
- Ａ社は商品が顧客に提供される前に支配しているかを判断する際に、以下の指標も考慮した。

指標	検討内容	判定
約束の履行に対する主たる責任	商品の保管管理責任及び商品に関するリスクはＢ社が有しており、Ａ社は商品を提供する約束の履行に対する主たる責任を有していない。	×
在庫リスク	Ａ社は商品の法的所有権を顧客に移転される前に一時的に獲得しているものの、在庫リスクは有していない。	×
価格設定の裁量権	商品の販売価格の決定権はＢ社が有しており、Ａ社は商品の価格設定の裁量権を有していない。	×

3. 結論

Ａ社は取引における代理人に該当する。

❸追加の財又はサービスを取得するオプションの付与

1. 追加の財又はサービスを取得するオプションとは

企業は顧客との契約において、既存の契約に加えて追加の財又はサービスを無料又は値引価格で取得するオプションを顧客に付与する場合があります。例えば、販売インセンティブ、顧客特典クレジット、ポイント、契約更新オプション、将来の財又はサービスに対するその他の値引き等があります。

2. 追加の財又はサービスを取得するオプションの会計処理

企業が既存の契約に加えて追加の財又はサービスを取得するオプションを顧客に付与する際に、当該オプションが契約を締結しなければ顧客が受け取れない重要な権利を顧客に提供する場合は、当該オプションを履行義務として識別し、取引価格の一部を当該履行義務に配分します。この場合には、将来の財又はサービスが移転する時、あるいは当該オプションが消滅する時に収益を認識します。ここで、重要な権利を顧客に提供する場合とは、例えば、追加の財又はサービスを取得するオプションにより、通常の値引きの範囲を超える値引きを顧客に提供する場合をいいます。

なお、オプションが別個の履行義務として識別されない場合は、オプションに関連して将来発生すると見込まれる費用を引当金として計上すべきか検討することとなります。

3.　履行義務として識別されたオプションへの取引価格の配分

履行義務として識別された追加の財又はサービスを取得するオプションへの取引価格の配分は、独立販売価格の比率で行うこととなりますが、当該オプションの独立販売価格を直接観察できない場合には、オプションの行使時に顧客が得られるであろう値引きについて、以下の要素を反映して、当該オプションの独立販売価格を見積もります。

①　顧客がオプションを行使しなくても通常受けられる値引き

②　オプションが行使される可能性

〈適用上のポイント〉

- 顧客が追加の財又はサービスを取得するオプションが、当該財又はサービスの独立販売価格を反映する価格で取得するものである場合は、顧客に重要な権利を提供するものではない。

設例 3-3　**自社のポイント制度**

1.　前提条件

- Ａ社は自社の商品を顧客が 10 円購入するごとに１ポイントを付与するポイント制度を提供しており、顧客はＡ社の商品を将来購入する際に１ポイント当たり１円の値引きを受けることができる。
- X1 年度中に、顧客はＡ社の商品 10,000 円を購入し、1,000 ポイント（＝10,000 円÷10 円×1 ポイント）を獲得した。
- 顧客が購入した商品の独立販売価格は 10,000 円であった。
- Ａ社は商品の販売時点で、将来 950 ポイントが使用されると見込んだ。

- A社は顧客により使用される可能性を考慮して、1ポイント当たりの独立販売価格を0.95円（合計950円）と見積もった。
- A社はX2年度に、使用されるポイント総数の見積りを970に更新した。
- 各年度に使用されたポイント、決算日までに使用されたポイント累計及び使用されると見込むポイント総数は以下のとおりである。

	X1年度	X2年度
各年度に使用されたポイント	450	400
決算日までに使用されたポイント累計	450	850
使用されると見込むポイント総数	950	970

2. ポイントの付与は別個の履行義務であるか

A社は以下の事項を踏まえ、顧客へのポイントの付与により履行義務が生じると結論づけた。

- このポイントは、A社の商品を購入しなければ受け取れない権利である。
- 通常の値引きを超える値引きを提供するものである。

3. 会計処理

(1) 商品の販売時

現金預金	10,000円	売上高(*1) 契約負債(*1)	9,132円 868円

(*1) 取引価格10,000円を商品とポイントに独立販売価格の比率で配分する。
商品：9,132円＝10,000円×10,000円／（10,000円＋950円）
ポイント：868円＝10,000円×950円／（10,000円＋950円）

(2) X1年度末

契約負債(*2)	411円	売上高	411円

(*2) 411円＝868円×（X1年度末までに使用されたポイント450ポイント）／（使用されると見込むポイント総数950）

(3) X2 年度末

契約負債(＊3)	350 円	売上高	350 円

(＊3) 350 円＝868 円×（X2 年度末までに使用されたポイント累計 850 ポイント）／（使用されると見込むポイント総数 970）－（X1 年度末に認識した収益 411 円）

設例 3-4　他社運営のポイントプログラム

1. 前提条件

- Ａ社は第三者であるＢ社が運営するポイントプログラムに参加している。
- Ａ社は自社の店舗で商品を購入した顧客に対し、Ｂ社のポイントプログラムのメンバーであることが表明された場合には、購入額 100 円につきＢ社ポイントが１ポイント付与される旨を伝達する。
- 同時にＡ社はＢ社に対してポイント付与の旨を連絡し、１ポイントにつき１円をＢ社に支払う。
- Ａ社の顧客に付与されたＢ社ポイントは、Ａ社に限らず、Ｂ社のポイントプログラムに参加する企業の店舗で利用できる。
- X1 年度中に、Ａ社は自社の店舗で商品を顧客に 1,000 円で販売するとともに、顧客に対してＢ社ポイントが 10 ポイント付与される旨を伝達した。
- 同時にＡ社はＢ社に対してポイント付与の旨を連絡した。

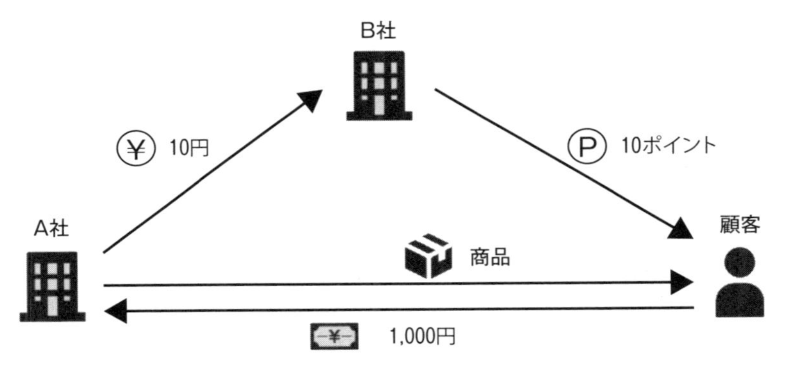

2. ポイントの付与は別個の履行義務であるか

A社は以下の事項を踏まえ、B社ポイントの付与はA社に履行義務を生じさせないと結論づけた。

- A社の観点からは、B社ポイントの付与は顧客に重要な権利を提供していない。
- A社はB社ポイントが顧客に付与された旨をB社に連絡し、同時にポイント相当の代金をB社に支払う義務を有するのみであり、A社はB社ポイントを支配していない。

3. 会計処理

◆商品の販売時

現金預金	1,000円	売上高(＊1) 未払金(＊2)	990円 10円

(＊1) 顧客に対する商品販売の履行義務に係る取引価格の算定において、第三者であるB社のために回収した金額を除外する。
(＊2) B社に対する未払金を認識する。

❹顧客により行使されない権利（非行使部分）

1. 顧客により行使されない権利とは

企業が顧客から返金が不要な前払を受け、将来において企業から財又はサービスを受け取る権利が顧客に付与されるケースでは、企業は当該財又はサービスを移転するための準備を行う義務を負うこととなりますが、顧客は当該権利のすべては行使しない場合があります（顧客により行使されない権利を「非行使部分」という）。例えば、商品券、ギフト券、プリペイドカード等が考えられます。

2. 非行使部分の会計処理

企業は将来において財又はサービスを移転する履行義務について、顧客から前払を受けた時に契約負債を認識し、将来に財又はサービスを移転して履行義務を充足した時に収益を認識しますが、非行使部分がある場合は、当該非行使部分ついて、企業が将来において権利を得ると見込むかどうかを判断します。

①　非行使部分について、企業が将来において権利を得ると見込む場合

契約負債における非行使部分について、企業が将来において権利を得ると見込む場合は、当該非行使部分の金額について、顧客による権利行使のパターンと比例的に収益を認識します。

②　非行使部分について、企業が将来において権利を得ると見込まない場合

契約負債における非行使部分について、企業が将来において権利を得ると見込まない場合は、当該非行使部分の金額について、顧客が残りの権利を行使する可能性が極めて低くなった時に収益を認識します。

〈適用上のポイント〉

- 契約負債における非行使部分について、企業が将来において権利を得ると見込むかどうかを判定するにあたっては、計上された収益の著しい減額が発生しない可能性が高いかどうかを考慮する必要がある。

５ 返金が不要な契約における取引開始日の顧客からの支払

1.　返金が不要な顧客からの支払とは

企業は契約における取引開始日又はその前後に、顧客から返金が不要な支払を受ける場合があります。例えば、スポーツクラブ会員契約の入会手数料、電気通信契約の加入手数料、サービス契約のセットアップ手数料、供給契約の当初手数料等が考えられます。

2.　返金が不要な顧客からの支払の会計処理

企業が契約における取引開始日又はその前後に、顧客から返金が不要な支払を受ける場合は、当該支払が約束した財又はサービスの移転を生じさせるもの

かどうかを判断します。

① 返金が不要な顧客からの支払が、約束した財又はサービスの移転を生じさせるものである場合

返金が不要な顧客からの支払が、約束した財又はサービスの移転を生じさせるものである場合は、当該財又はサービスの移転を独立した履行義務として処理するかどうかを判断し、当該財又はサービスを提供する時に収益を認識します。

② 返金が不要な顧客からの支払が、約束した財又はサービスの移転を生じさせるものでない場合

返金が不要な顧客からの支払が、約束した財又はサービスの移転を生じさせるものでない場合は、将来の財又はサービスの移転を生じさせるものとして、当該将来の財又はサービスを提供する時に収益を認識します。

〈適用上のポイント〉

- 返金が不要な契約における取引開始日の顧客からの支払は、通常、企業が契約における取引開始日又はその前後において契約を履行するために行う活動に関連するものの、当該活動は約束した財又はサービスを顧客に移転させるものではないとされている。

❻ライセンスの供与

1. ライセンスの供与とは

企業は顧客に対して、企業の知的財産に対する権利としてのライセンスを供与することがあります。例えば、ソフトウェアや技術、動画や音楽等のメディア・エンターテインメント、フランチャイズ、特許権、商標権、著作権等が考えられます。

2.　ライセンスの会計処理

企業が顧客にライセンスを供与する場合、ライセンスを供与する約束が、顧客との契約における他の財又はサービスを移転する約束と別個のものかどうかを判断します。

①　他の財又はサービスを移転する約束と別個のものでない場合

他の財又はサービスを移転する約束と別個のものでない場合は、ライセンスを供与する約束と他の財又はサービスを移転する約束の両方を一括して単一の履行義務として処理し、一定の期間にわたり充足される履行義務であるか、又は一時点で充足される履行義務であるかを判定します。

②　他の財又はサービスを移転する約束と別個のものである場合

他の財又はサービスを移転する約束と別個のものであり、当該約束が独立した履行義務である場合は、ライセンスを顧客に供与する際の企業の約束の性質が、企業の知的財産にアクセスする権利と企業の知的財産を使用する権利のいずれを提供するものかを判定します。

ア．企業の知的財産にアクセスする権利を提供するものである場合

ライセンスを供与する際の企業の約束の性質が、ライセンス期間にわたり存在する企業の知的財産にアクセスする権利を提供するものである場合は、一定の期間にわたり充足される履行義務として処理し、一定の期間にわたり収益を認識します。

イ．企業の知的財産を使用する権利を提供するものである場合

ライセンスを供与する際の企業の約束の性質が、ライセンスが供与される時点で存在する企業の知的財産を使用する権利を提供するものである場合は、一時点で充足される履行義務として処理し、顧客がライセンスを使用してライセンスからの便益を享受できるようになった時点で収益を認識します。

3.　企業の約束の性質の判定

ライセンスを顧客に供与する際の企業の約束の性質を判定する場合において、以下の要件のすべてに該当するときは、企業の知的財産にアクセスする権

利を提供するものと判断され、いずれかに該当しないときは、企業の知的財産を使用する権利を提供するものと判断されます。

① ライセンスにより顧客が権利を有している知的財産に著しく影響を与える活動を企業が行うことが、契約により定められている、又は顧客により合理的に期待されていること

② 顧客が権利を有している知的財産に著しく影響を与える企業の活動により、顧客が直接的に影響を受けること

③ 顧客が権利を有している知的財産に著しく影響を与える企業の活動の結果として、企業の活動が生じたとしても、財又はサービスが顧客に移転しないこと

4. 売上高又は使用量に基づくロイヤルティ

知的財産のライセンス供与に対して受け取る売上高又は使用量に基づくロイヤルティが知的財産のライセンスのみに関連している場合、あるいは当該ロイヤルティにおいて知的財産のライセンスが支配的な項目である場合には、以下のいずれか遅いほうで、当該売上高又は使用量に基づくロイヤルティについて収益を認識します。なお、売上高又は使用量に基づくロイヤルティが、上記に該当しない場合は、変動対価の定めを適用して収益を認識します。

① 知的財産のライセンスに関連して顧客が売上高を計上する時又は顧客が知的財産のライセンスを使用する時

② 売上高又は使用量に基づくロイヤルティの一部又は全部が配分されている履行義務が充足（あるいは部分的に充足）される時

〈適用上のポイント〉

- ライセンスを供与する際の企業の約束の性質を判定した結果、従来と収益認識の時期及び金額が異なる可能性がある。

⑦買戻契約

1.　買戻契約とは

買戻契約とは、企業が商品又は製品（以下、「商品等」という）を販売するとともに、同一の契約又は別の契約のいずれかにより、当該商品等を買い戻すことを約束する、あるいは買い戻すオプションを有する契約をいいます。

買戻契約には、通常、以下の3つの形態があります。

- 企業が商品等を買い戻す義務（先渡取引）
- 企業が商品等を買い戻す権利（コール・オプション）
- 企業が顧客の要求により商品等を買い戻す義務（プット・オプション）

2.　先渡取引又はコール・オプションの会計処理

企業が商品等を買い戻す義務（先渡取引）あるいは企業が商品等を買い戻す権利（コール・オプション）を有している場合は、顧客は当該商品等に対する支配を獲得していないため、企業は商品等の販売時に収益を認識しません。この場合、商品等の買戻価格と当初の販売価格との関係に応じて、以下のように処理します。

①　商品等の買戻価格が当初の販売価格より低い場合

　商品等の買戻価格が当初の販売価格より低い場合は、当該契約を「リース会計基準」に従ってリース取引として処理します。

②　商品等の買戻価格が当初の販売価格以上の場合

　商品等の買戻価格が当初の販売価格以上の場合は、当該契約を金融取引として処理します。商品等を引き続き認識するとともに、顧客から受け取った対価について金融負債を認識し、顧客から受け取る対価の額と顧客に支払う対価の額との差額については、金利（あるいは加工コスト又は保管コスト等）として認識します。

3.　プット・オプションの会計処理

企業が顧客の要求により商品等を買い戻す義務（プット・オプション）を有

している場合は、商品等の買戻価格と当初の販売価格との関係に応じて、以下のように処理します。

①　商品等の買戻価格が当初の販売価格より低い場合

企業が顧客の要求により商品等を当初の販売価格より低い金額で買い戻す義務（プット・オプション）を有している場合は、契約における取引開始日に、顧客が当該プット・オプションを行使する重要な経済的インセンティブを有しているかどうかを判定します。

顧客がプット・オプションを行使する重要な経済的インセンティブを有している場合は、当該契約を「リース会計基準」に従ってリース取引として処理します。

一方で、顧客がプット・オプションを行使する重要な経済的インセンティブを有していない場合は、当該契約を返品権付きの販売として処理します。

②　商品等の買戻価格が当初の販売価格以上の場合

商品等の買戻価格が当初の販売価格以上であり、かつ、当該商品等の予想される時価よりも高い場合は、当該契約を金融取引として処理します。

商品等の買戻価格が当初の販売価格以上で、当該商品等の予想される時価以下であり、かつ、顧客がプット・オプションを行使する重要な経済的インセンティブを有していない場合は、当該契約を返品権付きの販売として処理します。

〈適用上のポイント〉

- 買戻価格を販売価格と比較する際には、金利相当分の影響を考慮する。
- オプションが未行使のまま消滅する場合は、オプションに関連して認識した負債の消滅を認識し、収益を認識する。

設例 3-5　コール・オプション（金融取引）

1. 前提条件

- A 社は X1 年 1 月 1 日に商品 X を 500 千円で B 社（顧客）に販売する契約を締結した。
- 契約には X1 年 12 月 31 日以前に商品 X を 600 千円で買い戻す権利を A 社に与えるコール・オプションが含まれている。

【ケース 1】

- X1 年 12 月 31 日に A 社はオプションを行使した。

【ケース 2】

- X1 年 12 月 31 日にオプションは未行使のまま消滅した。

2. どのような会計処理となるか

- A 社が商品 X を買い戻す権利を有しているため、B 社が商品 X の使用を指図する能力や商品 X からの残りの便益のほとんどすべてを享受する能力が制限されていることから、商品 X に対する支配は X1 年 1 月 1 日に B 社に移転しない。
- 買戻価格は当初の販売価格以上であるため、A 社は金融取引として処理し、商品 X の消滅を認識しない。

3. 会計処理

(1) X1 年 1 月 1 日（商品 X の販売時）

現金預金	500 千円	借入金	500 千円

(2) X1 年 12 月 31 日

支払利息	100 千円	借入金	100 千円

(3) X1年12月31日

【ケース1】(オプション行使時)

借入金	600千円	現金預金	600千円

【ケース2】(オプション消滅時)

借入金	600千円	売上高	600千円

設例3-6　プット・オプション(リース取引)

1. 前提条件

- A社はX1年1月1日に商品Xを500千円でB社(顧客)に販売する契約を締結した。
- 契約には、B社の要求によりX1年12月31日以前に商品Xを450千円で買い戻す義務をA社が負うプット・オプションが含まれている。
- X1年12月31日時点で予想される商品Xの市場価値は350千円であった。

2. どのような会計処理となるか

- A社が商品Xを買い戻す場合の買戻価格が当初の販売価格を下回っているため、B社がプット・オプションを行使する重要な経済的インセンティブを有しているかを判定する。
- A社の買戻価格450千円が買戻日時点での商品Xの予想市場価値350千円を大幅に上回るため、B社がプット・オプションを行使する重要な経済的インセンティブを有している。
- B社が商品Xの使用を指図する能力や商品Xからの残りの便益のほとんどすべてを享受する能力が制限されていることから、商品Xに対する支配はB社に移転しない。

3. 会計処理

A社は当該取引を「リース会計基準」に従ってリース取引として処理する。

❽委託販売契約

1. 委託販売契約とは

企業は商品等を最終顧客に販売するために、販売業者等の他の当事者に商品等を引き渡す場合があります。このような場合は、企業は他の当事者がその時点で商品等の支配を獲得したかどうかを判定します。

2. 他の当事者に商品等を引き渡す場合の会計処理

企業が商品等を販売業者等の他の当事者に引き渡した時点で、他の当事者が商品等の支配を獲得している場合は、他の当事者へ商品等を引き渡した時点で収益を認識します。

一方で、他の当事者が商品等の支配を獲得していない場合は、委託販売契約として他の当事者が商品等を保有している可能性があり、他の当事者への商品等の引渡時には収益を認識せず、他の当事者から最終顧客に商品等を販売した時点で収益を認識します。

3. 契約が委託販売契約であることを示す指標

契約が委託販売契約であることを示す指標には、例えば、以下のようなものがあります。

① 販売業者等が商品等を顧客に販売するまで、あるいは所定の期間が満了するまで、企業が商品等を支配していること

② 企業が商品等の返還を要求すること、あるいは第三者に商品等を販売することができること

③ 販売業者等が、商品等の対価を支払う無条件の義務を有していないこと（ただし、販売業者等は預け金の支払を求められる場合がある）

〈適用上のポイント〉
- 仕切精算書到達基準（仕切精算書が販売の都度送付されている場合に、仕切精算書の到達日に収益を認識する）は、原則として認められない。

❾請求済未出荷契約

1.　請求済未出荷契約とは

請求済未出荷契約とは、企業が商品等について顧客に対価を請求したが、将来において顧客に移転するまで企業が商品等の物理的占有を保持する契約をいいます。例えば、顧客に商品等の保管場所がない場合や、顧客の生産スケジュールの遅延等の理由により締結されることがあります。

2.　請求済未出荷契約の会計処理

請求済未出荷契約の場合においても、他の一般の契約と同様に、顧客が商品等の支配をいつ獲得したかを考慮し、商品等を移転する履行義務をいつ充足したかを判定します。その結果、顧客が商品等の支配を獲得していないと判断される場合は、支配を獲得したと判断できるまで収益を認識しません。

3.　請求済未出荷契約における支配移転の要件

請求済未出荷契約においては、一時点で充足される履行義務の支配の移転に関する定め（第2節❺4参照）を適用したうえで、以下の要件のすべてを満たす場合には、顧客が商品等の支配を獲得すると判断します。

①　請求済未出荷契約を締結した合理的な理由があること

②　当該商品等が、顧客に属するものとして区分して識別されていること

③　当該商品等について、顧客に対して物理的に移転する準備が整っていること

④　当該商品等を使用する能力あるいは他の顧客に振り向ける能力を企業が有していないこと

〈適用上のポイント〉

- 請求済未出荷の商品等の販売による収益を認識する場合、取引価格の一部を配分する残存履行義務（例えば、顧客の商品等に対する保管サービスに係る義務）を有しているかどうかを検討する必要がある。

⑩顧客による検収

1.　顧客による検収と支配の移転

顧客による財又はサービスの検収は、顧客が財又はサービスの支配を獲得したことを示す可能性がありますが、顧客による検収が形式的なものである場合は、顧客による財又はサービスに対する支配の時点に関する判断に影響を与えないとされています。

2.　顧客による検収に関する会計処理

契約において合意された仕様に従っていることにより財又はサービスに対する支配が顧客に移転されたことを客観的に判断できる場合は、顧客の検収は形式的なものであるため、顧客による検収前であっても企業は収益を認識できる場合があります。

一方で、顧客に移転する財又はサービスが契約において合意された仕様に従っていると客観的に判断することができない場合は、顧客の検収が完了するまで、顧客は当該財又はサービスに対する支配を獲得しないため、企業は収益を認識しません。

〈適用上のポイント〉

- 顧客の検収前に収益が認識される場合には、他の残存履行義務があるかどうかを判定する。

⓫返品権付きの販売

1.　返品権付きの販売とは

返品権付きの販売とは、企業が顧客との契約において、商品等の支配を顧客に移転するとともに、当該商品等を返品して、以下の①から③を受ける権利を顧客に付与するものをいいます。このような取引は、通信販売を行う際に、一定期間に返品を認める特約を定めている場合などが考えられます。

①　顧客が支払った対価の全額又は一部の返金

②　顧客が企業に対して負う又は負う予定の金額に適用できる値引き

③　別の商品等への交換

2.　返品権付きの販売の会計処理

返品権付きの商品等（及び返金条件付きで提供される一部のサービス）を販売した場合は、以下のすべてについて処理します。

①　企業が権利を得ると見込む対価の額（②の返品されると見込まれる商品等の対価を除く）で収益を認識する。

②　返品されると見込まれる商品等については収益を認識せず、当該商品等について受け取った、又は受け取る対価の額で返金負債を認識する。

③　返金負債の決済時に顧客から商品等を回収する権利について資産を認識する。

〈適用上のポイント〉

- 商品等の販売後、各決算日に、企業が権利を得ると見込む対価及び返金負債の額を見直し、認識した収益の額を変更する。
- 商品等を回収する権利として認識した資産の額は、帳簿価額から予想される回収費用（価値の潜在的な下落の見積額を含む）を控除し、各決算日に当該控除した額を見直す。

設例３-７　返品権付きの販売

1．前提条件

- Ａ社は商品Ｘを１個10千円で販売する100件の契約を複数の顧客と締結した（10千円×100個＝1,000千円）。
- 商品Ｘに対する支配を顧客に移転した時に現金を受け取った。
- Ａ社の取引慣行では、顧客が未使用の商品Ｘを２週間以内に返品する場合、全額返金に応じることとしている。
- Ａ社が権利を得ることとなる変動対価を見積もるため、Ａ社は期待値法を使用することを決定し、商品Ｘの95個が返品されないと見積もった。
- Ａ社は商品Ｘの回収コストに重要性がないと見積もり、返品された商品Ｘは原価以上の販売価格で再販売できると予想した（商品Ｘの原価は７千円）。

2．返品権付きの販売として処理すべきか

Ａ社は以下の事項を踏まえ、当該取引を返品権付き販売として処理すると結論づけた。

- Ａ社の商品Ｘ及びその顧客層からの返品数量の見積りに関する十分な情報を有している。
- 返品数量に関する不確実性は短期間（２週間の返品受入期間）で解消するため、変動対価の額に関する不確実性が事後的に解消される時点までに計上された収益の額950千円（10千円×返品されないと見込む95個）の著しい減額が発生しない可能性が高い。

3. 会計処理

(1) 収益の計上

現金預金	1,000 千円	売上高(*1) 返金負債(*2)	950 千円 50 千円

(*1) 返品されないと見込む 95 個について収益を認識する（950 千円＝10 千円×95 個）。

(*2) 返品されると見込む 5 個（100 個－95 個）について返金負債を認識する（50 千円＝10 千円×5 個）。

(2) 原価の計上

売上原価(*3) 返品資産(*4)	665 千円 35 千円	棚卸資産	700 千円

(*3) 返品されないと見込む 95 個について売上原価を認識する（665 千円＝7 千円×95 個）。

(*4) 顧客から商品Xを回収する権利について返品資産を認識する（35 千円＝7 千円×5 個）。

第4節

重要性等に関する代替的な取扱い

❶ 代替的な取扱いが設けられた背景

収益認識基準では、開発にあたっての基本的な方針として、国内外の企業間における財務諸表の比較可能性の観点から、IFRS 第 15 号の基本的な原則を取り入れることとしています。一方で、IFRS 第 15 号の原則的な取扱いは、これまでの日本における実務と大きく異なるものや、適用にあたり過度の負担が生じるものが含まれていることが懸念されていました。

そこで、IFRS 第 15 号の定めをすべて取り入れることを基本としつつも、これまでわが国で行われてきた実務等に配慮し、財務諸表間の比較可能性を大きく損なわせない範囲で、IFRS 第 15 号における取扱いとは別に、個別項目に対する重要性の記載等の代替的な取扱いが追加されました。

なお、代替的な取扱いを適用するにあたっては、個々の項目の要件に照らして適用の可否を判定することとなりますが、企業による過度の負担を回避するため、金額的な影響を集計して重要性の有無を判定する要件は設けていません。

❷ 契約変更

重要性が乏しい場合の取扱い

① 原則的な取扱い

契約変更については、所定の要件に基づき、独立した契約として処理する方法、既存の契約を解約して新しい契約を締結したものと仮定して処理する方法、既存の契約の一部であると仮定して処理する方法の 3 つの方法が定められています（第 2 節❶ 3 参照）。

②　代替的な取扱い

契約変更による財又はサービスの追加が既存の契約内容に照らして重要性が乏しい場合は、当該契約変更について処理するにあたり、上記の3つのいずれの方法も適用することができます。

❸ 履行義務の識別

1.　顧客との契約の観点で重要性が乏しい場合の取扱い

①　原則的な取扱い

履行義務の識別に際しては、契約における取引開始日に、顧客との契約において約束した財又はサービスを評価し、顧客に別個の財又はサービスを移転する約束のそれぞれを履行義務として識別することとされています（第2節❷ 1参照）。

②　代替的な取扱い

約束した財又はサービスが、顧客との契約の観点で重要性が乏しい場合は、当該約束が履行義務であるのかについて評価しないことができます。なお、顧客との契約の観点で重要性が乏しいかどうかを判定するにあたっては、約束した財又はサービスの定量的及び定性的な性質を考慮し、契約全体における当該財又はサービスの相対的な重要性を検討します。

2.　出荷及び配送活動に関する会計処理の選択

①　原則的な取扱い

履行義務の識別に際しては、契約における取引開始日に、顧客との契約において約束した財又はサービスを評価し、顧客に別個の財又はサービスを移転する約束のそれぞれを履行義務として識別することとされているため（第2節❷ 1参照）、顧客が商品等に対する支配を獲得した後に行う出荷及び配送活動は、当該商品等の移転とは別の履行義務として識別されることとなります。

② 代替的な取扱い

顧客が商品等に対する支配を獲得した後に行う出荷及び配送活動については、商品等を移転する約束を履行するための活動として処理し、履行義務として識別しないことができます。

❹一定の期間にわたり充足される履行義務

1. 期間がごく短い工事契約及び受注制作のソフトウェア

① 原則的な取扱い

工事契約及び受注制作のソフトウェアについては、一定の期間にわたり充足される履行義務の要件を満たす場合は、資産に対する支配を顧客に一定の期間にわたり移転することにより、一定の期間にわたり履行義務を充足し収益を認識します（第２節❺ 2参照）。

② 代替的な取扱い

工事契約及び受注制作のソフトウェアについて、契約における取引開始日から完全に履行義務を充足すると見込まれる時点までの期間がごく短い場合は、一定の期間にわたり収益を認識せず、完全に履行義務を充足した時点で収益を認識することができます。なお、この代替的な取扱いは、工事契約及び受注制作のソフトウェア以外の一定の期間にわたり収益を認識する契約に適用することはできません。

2. 船舶による運送サービス

① 原則的な取扱い

複数の顧客の貨物を積載する船舶による運送サービスについては、個々の顧客との契約についてそれぞれ別個の履行義務として識別し、一定の期間にわたり充足される履行義務の要件に該当するものについては履行義務の充足に係る進捗度を見積もり、当該進捗度に基づき一定の期間にわたり収益を認識します（第２節❷ 1、❺ 3参照）。

②　代替的な取扱い

一定の期間にわたり収益を認識する船舶による運送サービスについて、一航海の船舶が発港地を出発してから帰港地に到着するまでの期間が通常の期間である場合は、複数の顧客の貨物を積載する船舶の一航海を単一の履行義務としたうえで、当該期間にわたり収益を認識することができます。

❺一時点で充足される履行義務

出荷基準等の取扱い

①　原則的な取扱い

商品等の販売において、一時点で充足される履行義務については、資産に対する支配を顧客に移転することにより当該履行義務が充足される時に収益を認識します（第２節❺ 4参照）。

②　代替的な取扱い

商品等の国内の販売において、出荷時から商品等の支配が顧客に移転される時（例えば、顧客による検収時）までの期間が通常の期間である場合は、当該期間内の一時点（例えば、出荷時や着荷時）に収益を認識することができます。なお、ここでいう通常の期間である場合とは、国内における出荷及び配送に要する日数に照らして取引慣行ごとに合理的と考えられる日数である場合をいいます。

❻履行義務の充足に係る進捗度

契約の初期段階における原価回収基準の取扱い

①　原則的な取扱い

一定の期間にわたり充足される履行義務については、履行義務の充足に係る進捗度を合理的に見積もることができないが、当該履行義務を充足する際に発生する費用を回収することが見込まれる場合には、履行義務の充足に係る進捗度を合理的に見積もることができる時まで、原価回収基準により処理します（第２節❺ ３参照）。

② 代替的な取扱い

一定の期間にわたり充足される履行義務について、契約の初期段階において、履行義務の充足に係る進捗度を合理的に見積もることができない場合は、当該契約の初期段階に収益を認識せず、進捗度を合理的に見積もることができる時から収益を認識することができます。

❼ 履行義務への取引価格の配分

重要性が乏しい財又はサービスに対する残余アプローチの使用

① 原則的な取扱い

財又はサービスの独立販売価格を直接観察できない場合の独立販売価格の見積方法として、契約における取引価格の総額から契約において約束した他の財又はサービスについて観察可能な独立販売価格の合計額を控除して見積もる方法（残余アプローチ）が示されていますが、この方法は所定の要件に該当する場合に限り使用できるとされています（第2節❹ 2参照）。

② 代替的な取扱い

履行義務の基礎となる財又はサービスの独立販売価格を直接観察できない場合で、当該財又はサービスが、契約における他の財又はサービスに付随的なものであり、重要性が乏しいと認められるときには、当該財又はサービスの独立販売価格の見積方法として、残余アプローチを使用することができます。

❽ 契約の結合、履行義務の識別及び独立販売価格に基づく取引価格の配分

1. 契約に基づく収益認識の単位及び取引価格の配分

① 原則的な取扱い

同一の顧客と同時又はほぼ同時に締結した複数の契約が、所定の要件に

該当する場合は、当該複数の契約を結合し、単一の契約とみなして処理する必要があります（第2節❶ 2参照）。また、顧客との契約において約束した財又はサービスを評価し、顧客に移転する約束のそれぞれを履行義務として識別し（第2節❷ 1参照）、それぞれの履行義務の基礎となる別個の財又はサービスの独立販売価格の比率に基づいて取引価格を配分することとされています（第2節❹ 1参照）。その結果、契約書の記載とは異なる収益認識の単位の識別及び取引価格の配分が求められる可能性があります。

② 代替的な取扱い

以下のいずれも満たす場合は、複数の契約を結合せず、個々の契約において定められている顧客に移転する財又はサービスの内容を履行義務とみなし、個々の契約において定められている財又はサービスの金額に従って収益を認識することができます。

ア．顧客との個々の契約が当事者間で合意された取引の実態を反映する実質的な取引の単位であると認められること

イ．顧客との個々の契約における財又はサービスの金額が合理的に定められていることにより、当該金額が独立販売価格と著しく異ならないと認められること

2. 工事契約及び受注制作のソフトウェアの収益認識の単位

① 原則的な取扱い

同一の顧客と同時又はほぼ同時に締結した複数の契約が、所定の要件に該当する場合は、当該複数の契約を結合するとされていますが（第2節❶ 2参照）、異なる顧客と締結した複数の契約や異なる時点に締結した複数の契約については、当該複数の契約を結合して単一の履行義務として識別することはできません。

② 代替的な取扱い

工事契約及び受注制作のソフトウェアについて、当事者間で合意された実質的な取引の単位を反映するように複数の契約（異なる顧客と締結した

複数の契約や異なる時点に締結した複数の契約を含む）を結合した際の収益認識の時期及び金額と、当該複数の契約について、契約の結合及び履行義務の識別の原則的な取扱いに基づく収益認識の時期及び金額との差異に重要性が乏しいと認められる場合は、当該複数の契約を結合し、単一の履行義務として識別することができます。

❾ その他の個別事項

有償支給取引

①　原則的な取扱い

企業が対価と交換に原材料等（以下、「支給品」という）を外部（以下、「支給先」という）に譲渡し、支給先における加工後、当該支給先から支給品を購入する場合があります（これら一連の取引は、一般的に有償支給取引と呼ばれている）。有償支給取引に係る処理にあたっては、企業が支給品を買い戻す義務を負っているか否かの判断を取引の実態に応じて行う必要があります。

有償支給取引において、企業が支給品を買い戻す義務を負っていない場合は、企業は当該支給品の消滅を認識することとなりますが、支給品の譲渡に係る収益は認識しません。

一方、企業が支給品を買い戻す義務を負っている場合は、企業は支給品の譲渡に係る収益を認識せず、当該支給品の消滅も認識しません（第3節❼ 2参照）。

②　代替的な取扱い

有償支給取引において、企業が支給品を買い戻す義務を負っている場合でも、個別財務諸表においては、支給品の譲渡時に当該支給品の消滅を認識することができます。なお、その場合であっても、支給品の譲渡に係る収益は認識しません。

第5節

開　示

❶表　示

1.　契約資産、契約負債及び債権

企業が履行している場合又は企業が履行する前に顧客から対価を受け取る場合は、企業の履行と顧客の支払との関係に基づき、契約資産、契約負債又は債権を適切な科目をもって貸借対照表に表示します。

契約資産と債権を貸借対照表に区分して表示しない場合は、それぞれの残高を注記します。ただし、早期適用の場合は、両者を区分せず、かつ、それぞれの残高を注記しないことができます。

2.　契約資産と債権の区分

顧客から対価を受け取る前又は対価を受け取る期限が到来する前に、財又はサービスを顧客に移転した場合は、収益を認識し、契約資産又は債権を貸借対照表に計上します。

契約資産及び債権は、いずれも企業が顧客に移転した財又はサービスと交換に受け取る対価に対する企業の権利ですが、このうち、対価に対する権利が無条件のものを債権として計上します。対価に対する企業の権利が無条件であるとは、対価を受け取る期限が到来する前に必要となるのが時の経過のみである場合をいいます。

一方で、対価に対する権利が無条件でない場合は、契約資産を計上します。例えば、企業が対価を受け取る権利を得るためには、充足しなければならない別の履行義務が存在するなど、時の経過以外の条件がある場合に計上されます。

なお、契約資産は、金銭債権として取り扱われ、金融商品会計基準に従って

処理します。

3.　契約負債

財又はサービスを顧客に移転する前に顧客から対価を受け取る場合、顧客から対価を受け取った時又は対価を受け取る期限が到来した時のいずれか早い時点で、顧客から受け取る対価について契約負債を貸借対照表に計上します。

設例 5-1　契約資産と債権

1．前提条件

- A社は商品Xを200千円、商品Yを100千円で販売する契約をB社と締結した。
- 商品X及び商品Yは、それぞれ別個の履行義務であり、それぞれが顧客に引き渡された時に履行義務が充足される。
- A社はX1年4月30日に商品Xを、X1年5月31日に商品YをB社に引き渡すが、対価については商品X及び商品Yの引渡し完了後に請求できる。
- X1年6月30日に商品X及び商品Yの対価がB社より支払われた。

2．会計処理

(1) X1年4月30日（商品Xの引渡し時）

契約資産(＊1)	200千円	売上高	200千円

(＊1) 商品Xの対価は商品Yの引渡しが完了するまでは対価に対する権利が無条件でないため、契約資産を認識する。

(2) X1年5月31日（商品Yの引渡し時）

債権(＊2)	300千円	売上高 契約資産	100千円 200千円

(＊2) 商品Yの引渡し完了により商品X及び商品Yの対価に対する権利が無条件となったため、債権を認識するとともに商品Xの契約資産を取り消す。

（3）X1年6月30日（対価の入金時）

現金預金	300千円	債権	300千円

❷注記事項

収益認識に関する注記事項についても、IFRS第15号をベースに検討されましたが、収益認識基準を早期適用する段階では、各国のIFRS第15号の適用事例や準備状況に関する情報が限定的であり、IFRS第15号の注記事項の有用性とコストの評価を十分に行うことができないため、必要最低限の定めを除き、基本的に注記事項は定めないこととし、収益認識基準が適用される時まで（準備期間を含む）に、注記事項の定めを検討することとされました。

収益認識基準を早期適用する場合は、必要最低限の注記として、顧客との契約から生じる収益について、企業の主要な事業における主な履行義務の内容及び企業が当該履行義務を充足する通常の時点（収益を認識する通常の時点）を注記する必要があります。なお、企業が履行義務を充足する通常の時点とは、例えば、商品等の出荷時、引渡時、サービスの提供に応じて、あるいはサービスの完了時をいいます。

今後の検討結果によっては、IFRS第15号と同様の注記事項が求められる可能性があるため、参考として、**【図表1-9】**にIFRS第15号における主な注記事項を示してあります。

【図表 1-9】IFRS 第 15 号における主な注記事項

項　目	主な注記事項
収益の分解	• 顧客との契約から認識した収益を分解した情報 （例：財又はサービスの種類、地理的区分、市場又は顧客の種類、販売経路等に区分して分解） • 分解した収益と報告セグメントについて開示される収益情報との関係を理解できる情報
契約残高	• 顧客との契約から生じた債権、契約資産及び契約負債の期首残高及び期末残高 • 当報告期間に認識した収益のうち期首現在の契約負債残高に含まれていたもの • 当報告期間に過去の期間に充足した履行義務から認識した収益 • 履行義務の充足の時期と通常の支払時期との関連、及びそれらが契約資産及び契約負債の残高に与える影響 • 当報告期間中の契約資産及び契約負債の残高の重大な変動 （例：企業結合による変動、取引価格の見積りの変更等）
履行義務	• 企業が履行義務を充足する通常の時点 （例:出荷時、引渡時、サービスを提供するにつれて、サービスの完了時） • 重要な支払条件 （例：通常の支払期限、重要な金融要素の有無、変動対価の有無等） • 企業が移転を約束した財又はサービスの内容（代理人の場合を強調） • 返品及び返金の義務並びにその他の類似の義務 • 製品保証及び関連する義務の種類
残存履行義務に配分した取引価格	• 報告期間末現在で未充足の履行義務に配分した取引価格 • 上記金額が収益として認識されると見込んでいる時期 • 実務上の便法の適用の有無、及び取引価格に含まれていない顧客との契約からの対価の有無に関する定性的説明
基準の適用における重要な判断	• 一定の期間にわたり充足する履行義務について、収益を認識するために使用した方法、及びその方法が財又はサービスの移転の忠実な描写となる理由 • 一時点で充足される履行義務について、顧客が財又はサービスに対する支配を獲得する時期を評価する際に行った重要な判断 • 取引価格の算定、変動対価の見積り、取引価格の配分等において使用した方法、インプット及び仮定に関する情報

設例

第1節

購買事業

設例 1-1　肥料の供給（予約販売）

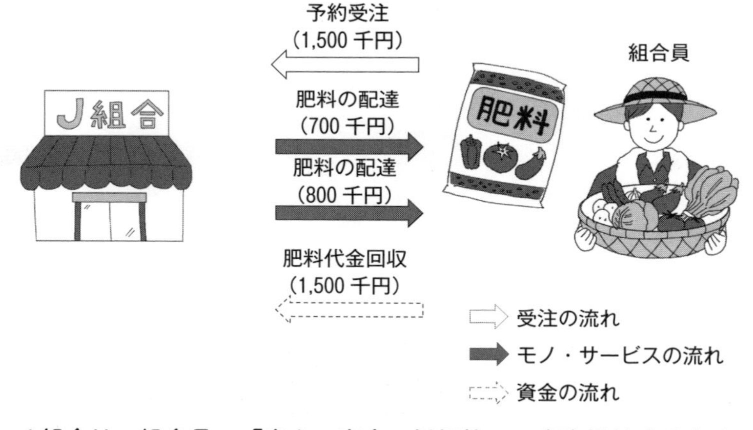

J組合は、組合員へ「安心・安全・低価格」で安定供給するため、予約を基本に肥料の供給を行っている。J組合の購買事業における売上計上基準は、着荷基準によっている。

J組合では、×年1月に肥料1,500千円を組合員から受注した。×年3月に700千円を組合員に配達し、残り800千円は×年4月に配達した。当該代金は×年5月に全額入金した。

ポイント

予約肥料の供給高（一般企業の「売上高」に相当）はいつ計上できるか

売上計上に係る会計論点では、その売上をいつ計上するのかという点が焦点になります。本設例では、肥料の供給を組合員から、①受注した時点、②実際に肥料を出荷した時点、③着荷時点、④肥料の代金が入金した時点のいずれをもって売上を計上できるのでしょうか。

予約肥料の供給高は、いくら計上できるか

売上計上に係る会計論点として、上記に加えて、もう一つ、その売上をいくら計上できるのかという点が焦点になります。本設例では、①受注時点、②出荷時点、③着荷時点、④代金入金時点のいずれかで売上計上されますが、その売上をいくら、どのように計上できるのでしょうか。

解説

収益認識基準での売上計上時点

収益認識基準では、「企業は約束した財又はサービス（本会計基準において、顧客との契約の対象となる財又はサービスについて、以下「資産」と記載することもある。）を顧客に移転することにより履行義務を充足した時に又は充足するにつれて、収益を認識する。資産が移転するのは、顧客が当該資産に対する支配を獲得した時又は獲得するにつれてである」と規定されています（収益認識会計基準35項）。

また、資産に対する支配が顧客に移転しているか否かの判断は、収益認識会計基準40項で、以下の指標が例示されており、これらを考慮して決定することになります。

① 企業が顧客に提供した資産に関する対価を収受する現在の権利を有していること
② 顧客が資産に対する法的所有権を有していること
③ 企業が資産の物理的占有を移転したこと
④ 顧客が資産の所有に伴う重大なリスクを負い、経済価値を享受していること
⑤ 顧客が資産を検収したこと

●設例のあてはめ

設例の条件を上記の指標にあてはめてみます。

① 受注時点……設例の文言だけですと、上記指標に該当はありません。
② 出荷時点……肥料がJ組合倉庫から出荷されただけでは、物理的占有を移転したとはいえません。
③ 着荷時点……肥料が組合員の倉庫に着荷すれば、物理的占有を移転したと考えられます。
④ 代金入金時点……代金の入金は、肥料配達の翌月になっています。

つまり、J組合の顧客である組合員へ予約された肥料の支配が移転する時点は、肥料の支配を獲得した時、配達されて、組合員の手もとに渡された時点、すなわち、着荷時点と考えられます。

ただし、J組合と顧客との間で、通常とは異なる特殊な取引条件で契約をしている場合（例えば、引き渡した肥料の代金を使用量に応じて支払い、未使用分は、返品可能な取引、肥料の引渡しが未了にもかかわらず代金は支払済みなど）は、上記の限りではありません。その契約条件によって、いつ売上計上すればよいのか、収益認識基準に照らして個別に判断する必要があります。

結論

通常、肥料の売上は、着荷時点で支配が移転すると考えられるため、組合員への着荷時点をもって計上されます。予約受注時や代金入金時には売上計上はできません。また、計上金額については、着荷した数量に係る金額のみ計上されます。予約受注金額や代金の入金額を着荷時点で売上計上はできません。

［仕 訳］

×年１月	仕訳なし				
×年３月	経済未収金	700 千円	／	購買品供給高	700 千円
×年４月	経済未収金	800 千円	／	購買品供給高	800 千円
×年５月	貯　　金	1,500 千円	／	経済未収金	1,500 千円

出荷基準

出荷基準とは、売主の倉庫・工場などの敷地から物品を顧客に配送移動した時点で売上計上する売上計上基準の一つです。収益認識基準の基本的なコンセプトである「資産の支配の移転」とはいえません。

一方、一般事業会社などでは、この計上基準で売上計上しているケースが散見されます。このような現行実務を配慮し、国内における販売で、出荷・配送に要する日数が数日間程度であれば、厳密な「資産の支配の移転」時点（通常、着荷基準）と比べて、重要な差異が生じていないと捉え、代替的な取扱いとして認められています（収益認識適用指針 98 項、171 項）。

なお、離島 JA における島外販売がある場合、期末直前で甚大な自然災害などがあった場合は、出荷・配送に要する日数が通常の国内販売と同程度かどうか確認したうえで、出荷基準を採用できるか確かめることが肝要です。

設例 1-2　肥料の供給（変動対価）

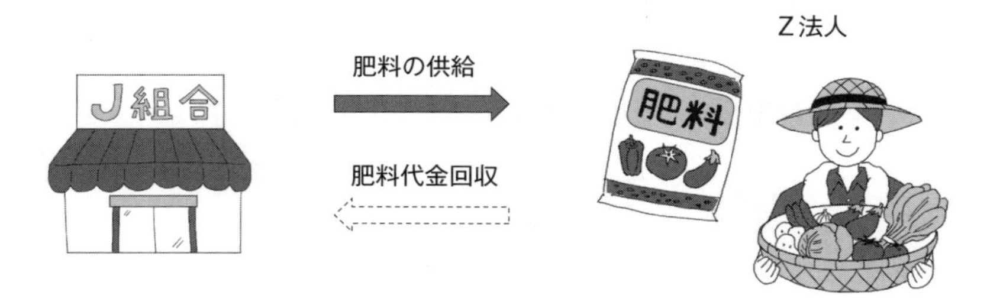

J組合（3月決算）は、Z法人と肥料Hの供給について1年契約（×1年7月～×2年6月）を締結している。この契約における対価には変動性があり、下記契約内容のように、Z法人が肥料Hを100袋までの購入であれば1袋当たりの価格は5,000円、100袋よりも多く購入する場合には100袋までの分も含めて4,000円に、さらに200袋よりも多く購入する場合には200袋までの分も含めて3,000円に減額すると定めている。

供給価格の変動分は数量確定後奨励金として支払うこととしている。また、J組合は、Z法人への1年間の供給数量は200袋になると予想している。

×1年9月に100袋を供給し、×2年5月に100袋を供給したため、×2年7月に奨励金100千円を支払った。

〈契約内容〉

供給数量	1袋当たりの供給価格
201袋以上	3,000円
101～200袋	4,000円
0～100袋	5,000円

ポイント

供給高の価格が一定でない場合の収益の計上はどうなるか

取引において供給高を増やしたいと思った時には、供給数量の多い少ないによって販売価格を変更するというインセンティブを与えることは、通常、行われると思います。このような場合では、当初の供給価格と一定量を超えた場合の供給価格が異なることがあります。

供給価格が将来的に変更される（変動対価）可能性がある取引の場合、どのように供給高を計上すればいいのでしょうか。

解説

収益認識基準における変動対価

収益認識基準では、顧客と約束した対価のうち変動する可能性のある部分を「変動対価」と呼んでおり、変動対価がある場合には、財又はサービスの顧客への移転と交換に企業が権利を得ることになる対価の額を見積もる、とされており、対価を見積もることが要求されています（収益認識会計基準50項）。

変動対価が含まれる取引の例として、値引き、リベート、返金、インセンティブ、業績に基づく割増金、ペナルティー等の形態により対価の額が変動する場合や、返品権付きの販売等が挙げられています。

上記のように対価の変動を見積もらなければなりませんが、対価の変動性が必ずしも契約書に明記されているとは限りませんので（例えば、契約書に明記されていない商慣習等がある場合など）、合理的に入手できるすべての情報を考慮して見積もる必要があります。

しかも、変動対価の額に関する不確実性が事後的に解消される際（＝変動対価の額が確定した際）に、対価が確定する時点までに計上された収益の著しい減額が発生しない部分に限り、取引価格に含めるとされています。これは、一度計上された収益金額に対して、あとから収益の大幅な変更がないようにするための対応です。

上記の変動対価の額の見積りの方法ですが、下記の最頻値又は期待値による方法のいずれかのうち、企業が権利を得ることとなる対価の額をより適切に予測できる方法を用いる必要があります（収益認識会計基準 51 項）。

・最頻値法……発生し得ると考えられる対価の額における最も可能性の高い単一の金額
・期待値法……発生し得ると考えられる対価の額を確率で加重平均した金額

これらの方法の具体的な計算方法は、第 1 章第 2 節をご参照ください。

また、選択した方法を、契約全体を通じて統一して適用しなければならず、見積もった取引価格は決算日ごとに見直す必要があります（収益認識会計基準 52、55 項）。

このように、変動対価の存在を認識した場合には、取引価格自体を決定するのに、情報収集、見積り、見直し等、かなりの手間がかかるようになります。

●設例のあてはめ

設例の条件を上記の基準の要件にあてはめてみます。

取引の契約金額の内容を見てみると、肥料の供給数量に応じて、供給価格が変動することがわかります。そのため、収益認識基準のいう「変動対価」が含まれていることから、単純に供給価格で供給高を計上するのではなく、対価を見積もることが必要になります。

対価の見積方法ですが、本設例の場合には、「J 組合は、Z 法人への 1 年間の供給数量は 200 袋になると予想している」とあり、過去の経験等から発生の可能性が高い数値を見積もることができているため、最頻値法を採用することが考えられます。

最頻値法による価格の見積りは、契約内容の表より 4,000 円となります。

結論

変動対価のある供給高は、上記のとおり、最頻値に基づいて供給単価を見積もり、収益を計上することになるため、単純に契約内容で定められている供給数量ごとの供給単価で計上するのではなく、供給価格の最頻値である4,000円で計上することになります。

[仕 訳]

◆×1年9月　J組合肥料100袋供給時

借方	金額	貸方	金額
経済未収金	400千円	購買品供給高	400千円(※1)

◆×1年11月　経済未収金入金時

借方	金額	貸方	金額
現金預金	500千円	経済未収金	400千円
		経済事業雑負債(※2)	100千円

◆×2年5月　J組合肥料100袋供給時

借方	金額	貸方	金額
経済未収金	400千円	購買品供給高	400千円

◆×2年7月　経済未収金入金・奨励金支払時

借方	金額	貸方	金額
現金預金	400千円	経済未収金	400千円
経済事業雑負債(※2)	100千円	現金預金	100千円

（※1）　4,000円×100袋＝400千円

（※2）　勘定科目については、会計実務の状況により変更になる可能性があります。

（注）実務的には、期末決算整理時に購買品供給高から経済事業雑負債へ振り替える処理も想定されます。

設例 1-3　返品可能なＡコープ供給（返品権付きの販売）

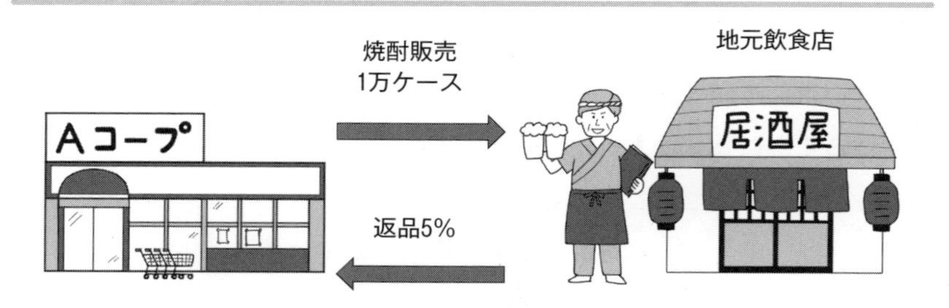

Ｊ組合は、Ａコープ店舗を複数店舗運営しており、地域振興のために、地元焼酎メーカーと地元飲食店で、毎年、この地区固有の焼酎銘柄をリニューアルするキャンペーンを継続して行っている。

Ｊ組合のＡコープ店舗では、今年度、地元飲食店から１ケース当たり 10,000 円の焼酎Ｘを１万ケース受注し、売り上げた。地元焼酎メーカーからの購買原価は１ケース当たり 7,000 円である。例年、地元飲食店より焼酎銘柄のリニューアル時に販売数量の 5% の旧銘柄が返品されてくる。

なお、返品に係る重要なコストは発生していない。

ポイント

●返品権付きの販売は、どのように会計処理するか

返品権付きの商品及び返金条件付きで提供される一部のサービスを販売した場合は、通常の売上計上だけではなく、返品権・返金条件部分について、追加の会計処理を行うことが求められます。では、どのような会計処理を行うのでしょうか。

解説

収益認識基準での返品権付きの販売に係る会計処理

収益認識適用指針では、返品権付きの商品又は製品（及び返金条件付きで提供される一部のサービス）を販売した場合、次の①から③のすべてについて会計処理することが求められています（収益認識適用指針85項、同設例11）。

① 企業が権利を得ると見込む対価の額（返品されると見込まれる商品又は製品の対価〔以下②〕を除く）で収益を認識する（収益の認識）。

② 返品されると見込まれる商品又は製品については、収益を認識せず、当該商品又は製品について受け取った又は受け取る対価の額で返金負債を認識する（負債の認識）。

③ 返金負債の決済時に顧客から商品又は製品を回収する権利について資産を認識する（負債に係る資産の認識）。

設例のあてはめ

設例の取引内容を、収益認識適用指針が規定している会計処理にあてはめてみましょう。

1.　収益の認識

J組合のAコープ店舗では、今年度は、地元飲食店から1ケース当たり10,000円の焼酎Xを1万ケース受注し売り上げますので、まずは、売上100,000千円（販売単価10,000円×販売数量1万ケース）の会計処理を行います。

2. 負債の認識

設例では、「例年、地元飲食店より焼酎銘柄のリニューアル時に販売数量の5% の旧銘柄が返品されてくる」とあります。これは、売買契約に明示されていようがいまいが、J 組合の A コープ店舗では、地元飲食店に対して、新しい焼酎銘柄にリニューアルする際に、旧銘柄について返品権を付与していることを意味します。したがって、この返品権について、J 組合の負債として 5,000 千円（10,000 円×1 万ケース×返品率 5%）を計上することになります。

3. 負債に係る資産の認識

地元焼酎メーカーからの購買原価は 1 ケース当たり 7,000 円ですので、上記 **2** の負債に係る資産 3,500 千円（負債 5,000 千円×原価率 70%(※)）を計上することになります。

（※）原価率 70％＝購買原価 7,000 円÷売価 10,000 円

結 論

返品権付きの商品及び返金条件付きで提供される一部のサービスを販売した場合は、通常の売上計上だけではなく、返品権・返金条件部分について、負債と当該負債に係る資産の計上を追加の会計処理として行うことが求められます。

本設例では、以下のように、収益 100,000 千円のみならず、返品権について返金負債 5,000 千円、当該返金負債に対応する返品資産 3,500 千円を計上することになります。

[仕 訳]

◆収益の計上

現金預金	100,000 千円	／	購買品供給高	100,000 千円
購買品供給高	5,000 千円	／	返金負債	5,000 千円

◆原価の計上

購買品供給原価	70,000 千円	／	棚卸資産 （繰越購買品）	70,000 千円
返品資産	3,500 千円	／	購買品供給原価	3,500 千円

返品調整引当金

販売した物品に返品権が付与されていた場合、従来の会計実務では、「返品調整引当金」という勘定科目を負債勘定で用いています。本設例をあてはめて仕訳を示すと以下のようになります。

◆収益計上

現金預金	100,000 千円	／	購買品供給高	100,000 千円
返品調整引当金繰入額	1,500 千円	／	返品調整引当金	1,500 千円

◆原価の計上

購買品供給原価	70,000 千円	／	棚卸資産 （繰越購買品）	70,000 千円

収益認識基準が求める勘定科目と名称は異なりますが、実際の会計処理における効果は、上記のように何ら変わるところはありません。なお、従来の会計実務では、損益計算書上、返品調整引当金繰入額 1,500 千円を売上総利益の調整として表示します。

返品調整引当金 1,500 千円
＝返金負債 5,000 千円－返品資産 3,500 千円

設例 1-4　直送による飼料の供給（本人と代理人の区分）

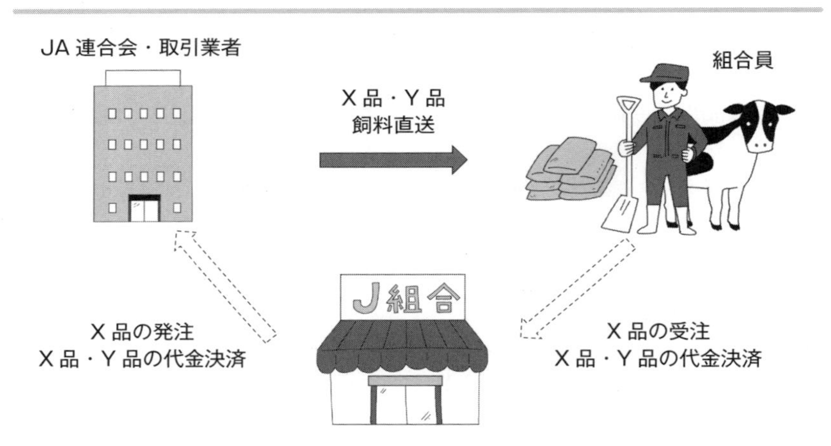

J 組合は、畜産農家である組合員から受注された家畜飼料 X 品 12,000 千円について、JA 連合会から組合員に直接配送する手配をしている（直送取引）。当該家畜飼料 X 品は、J 組合が組合員から受注しているため、組合員に対する供給履行義務は J 組合が有している。供給価格は JA 連合会が提示している仕入価格に一定のマージンを乗じて決定するが、組合員への供給価格については J 組合が独自の価格設定に係る裁量権を有している。X 品の仕入原価は 10,000 千円である。

一方、 特定の組合員から発注された家畜飼料 Y 品は特殊な飼料で、取引業者と組合員が直接売買契約を締結し直送されるものの、販売代金の決済については J 組合に委託されており、売買契約額 11,000 千円に対して 5% のマージンを J 組合が得ることになっている。

ポイント

●収益認識に関して本人と代理人の区分をどのように判定するか

組合が組合員へ物品を販売する際に、他の取引業者が関与していても、組合自らが販売取引そのものに履行義務を負っていると判断される場合は、組合が販売取引の「本人」に該当します。その場合、販売総額を売上に計上します。

一方、物品販売が他の取引業者によって提供され、組合は単なる取引の手配をしているだけと判断される場合は、組合が販売取引の「代理人」に該当します。その場合、手数料部分の金額のみ、つまり、取引業者が提供する販売総額から取引業者に支払う額を控除した純額だけを売上に計上します。

したがって、本人と代理人のいずれに判定されるかによって売上に計上する金額が異なるので、本人と代理人の区分をどのように判定するのかがポイントです（収益認識適用指針 39 項、40 項)。

解 説

●収益認識基準での本人と代理人の区分判定方法

本人と代理人の判定を行うためには、さまざまな要素を複合的に検討する必要があります。収益認識適用指針では、本人と代理人の判定を行うにあたり、組合員との販売契約の性質上、自ら提供する履行義務なのか、組合が手配するだけの履行義務なのかを判断する必要があり、次のような手順を踏みます（収益認識適用指針 42 項)。

1.　組合員に提供する物品又はサービスを識別する

組合員に提供する物品又はサービスは、取引業者が提供する物品又はサービスに対する権利である可能性があり、他の当事者が関与しているか否かを把握する必要があります。

2.　物品又はサービスが組合員に提供される前に、当該物品又はサービスを組合が支配しているかどうかを判断する

物品又はサービスが組合員に提供される前に、当該物品又はサービスを組合が支配している場合は、組合は本人と判定され、支配していない場合は、代理人と判定されます（収益認識適用指針 43 項）。

他の当事者が関与している場合において、本人か代理人かの判断として、次の①～③のいずれかを組合が支配しているときには、組合は本人に該当することになるとされています（収益認識適用指針 44 項）。

①　組合が取引業者から入手した組合員へ提供する資産

②　取引業者が提供するサービスに対する組合の権利

③　複数の物品又はサービスを統合させる重要なもの

上記②については、組合が取引業者へ組合員にサービスを提供するよう指図する能力を有する場合には、組合は権利を支配しているといえます。上記③については、例えば、取引業者から受領した物品又はサービスに対し、組合が他の重要な複数の物品又はサービスを統合してから提供する場合には、組合は、取引業者から受領した物品又はサービスを組合員に提供する前に支配していることになります。

また、組合が物品又はサービスを組合員に提供する前に支配しているかどうかを判定するにあたっては、例えば、次の指標を考慮することが示されています（収益認識適用指針 47 項）。

- 組合が物品又はサービスを提供するという取引履行義務に対して、主たる責任を有しているか。これには、通常、物品又はサービスの受入可能性に対する責任が含まれます（取引履行義務）。
- 物品又はサービスが組合員に提供される前、あるいは物品又はサービスに対する支配が組合員に移転した後（例えば、組合員が返品権を有している場合）において、組合が在庫リスクを有しているか（在庫リスク）。
- 物品又はサービスの価格の設定において組合が裁量権を有しているか（価格設定の裁量権）。

【図表 2-1】本人か代理人かの判断手順

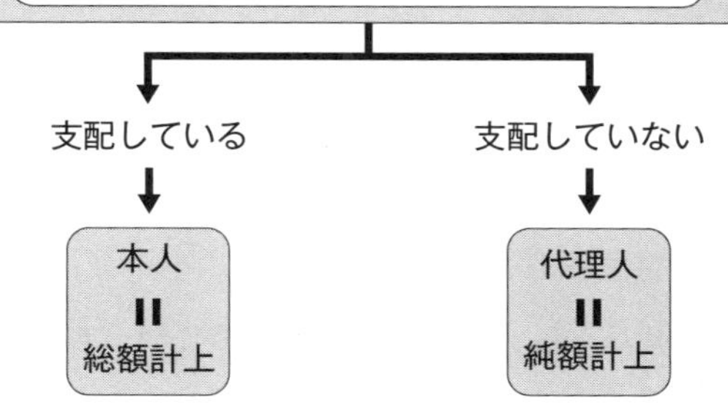

●設例のあてはめ

本設例では、J組合が受注した家畜飼料は、すべて組合員に直送されます。この点のみでは、物品が組合員に提供される前に、当該物品を組合が支配しておらず、一見、すべて代理人取引にみえます。

しかし、次のような支配に係る3点と3つの指標を検討すると、どのように判断されるのでしょうか。

〈支配に係る３点〉

①　組合員へ提供する資産

②　取引業者が提供する取引に対する権利

③　複数の物品又はサービスと統合させる重要なもの

〈3 つの指標〉

①　取引履行義務

②　在庫リスク

③　価格設定の裁量権

1.　支配に係る 3 点

飼料 X 品と Y 品では、それぞれの相違点が考えられます。まずは、支配に係る 3 点から検討するとどうでしょうか。

①　組合員へ提供する資産

直送取引ですので、飼料 X 品と Y 品ともに、J 組合は両資産を支配していないことになります。

②　取引業者が提供する取引に対する権利

飼料 X 品については、J 組合が JA 連合会へ組合員に取引を提供するよう指図する能力を有しており、J 組合は権利を支配しているといえます。一方、飼料 Y 品は、特殊な飼料で、取引業者と組合員が直接売買契約しているため、J 組合が取引業者へ組合員に取引を提供するよう指図する能力を有しておらず、J 組合は権利を支配しているとはいえません。

③　複数の物品又はサービスと統合させる重要なもの

飼料 X 品と Y 品はともに、通常の単一取引であり、この観点は本設例では関係ありません。

2.　3 つの指標

3 つの指標では、どのように検討されるのでしょうか。

①　取引履行義務

飼料X品については、J組合が組合員から受注している通常品ですので、その取引履行義務は、J組合に帰属するといえます。一方、飼料Y品は、取引業者と組合員が直接売買契約しており、J組合の履行義務は決済のみです。したがって、取引自体の履行義務は取引業者に帰属するといえるでしょう。

② 在庫リスク

直送取引ですので、通常、飼料X品とY品ともに組合には在庫リスクはありません。ただし、組合員が返品権を有している場合、飼料X品ではJ組合が在庫リスクを負うことが考えられます。

③ 価格設定の裁量権

飼料X品については、組合員への供給価格について、J組合が独自の価格設定の裁量権を有しています。一方、飼料Y品は、売買契約額に対して一定のマージンをJ組合が得ることになっていますので、J組合には、価格設定の裁量権がありません。

結論

上記の検討を総合的に判定すると、次のようになるのではないかと思われます。飼料X品については、J組合がJA連合会に対して組合員への「取引提供の指図能力」を有していること、J組合が組合員への「取引履行義務」と「価格設定の裁量権」を有していることから、本人取引といえるでしょう。一方、飼料Y品は、飼料X品のような要件をいずれも有していないため、代理人取引と判定せざるを得ないといえます。

なお、本人と代理人の区分判定は、あらゆる要素を総合的に勘案して判断されるものです。上記以外の判断要素がある場合に、その判断要素を検討した結果、その結論が変わる可能性があることに留意してください。

[仕 訳]

◆飼料Ｘ品

組合が本人となり、売上は総額計上となります。直送取引であり、組合員に飼料Ｘ品が配達された時点で、収益と原価並びに経済未収金と経済未払金が同時に計上されます。

借方	金額		貸方	金額
経済未収金(※1)	12,000千円	／	購買品供給高	12,000千円
購買品供給原価	10,000千円	／	経済未払金(※2)	10,000千円

◆飼料Ｙ品

組合が代理人となり、売上は純額計上となります。組合員に飼料Ｙ品が配達された時点で、経済未収金と経済未払金が同時に計上され、収益は手数料収入だけ計上され、原価は計上されません。

借方	金額		貸方	金額
経済未収金(※1)	11,000千円	／	手数料収入	550千円
			経済未払金(※2)	10,450千円

（※1）組合員に対する経済未収金

（※2）JA連合会ないし取引業者に対する経済未払金

設例 1-5　農業機械の供給（重要な金融要素）

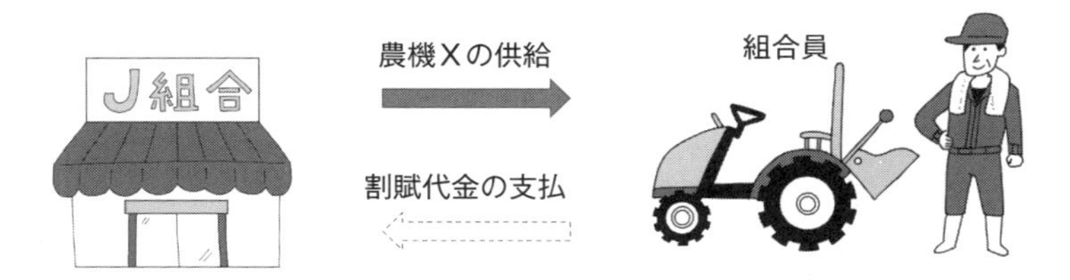

Ｊ組合は、組合員に、×１年６月に農機Ｘを 25,460 千円で割賦販売により供給引渡しをした。割賦販売契約の内容は、年１回払いで、供給後１年後から５年間にわたり均等払いにより返済することになっている。

なお、農機Ｘの通常の現金での供給金額は、24,000 千円である。また、×１年６月時点での金融取引で適用されると見込まれる利率は 2％ であり、金融要素として重要性があると考えられる。

ポイント

●割賦販売での供給高を含む会計処理はどうなるか

割賦販売とは、物品の販売に際して、その販売代金を一定期間にわたって分割して回収する販売方法です。これまでの会計処理では、販売基準、回収期限到来基準等が認められてきましたが、収益認識基準では、割賦販売はどのように取り扱うのでしょうか。

解説

●収益認識基準における割賦販売の取扱い

収益認識基準では、割賦販売に関して直接規定した項目はありません。「財又はサービスの顧客への移転に係る信用供与についての重要な便益が顧客又は企業に提供される場合には、顧客との契約は重要な金融要素を含むものとする」、また、「重要な金融要素が含まれる場合、取引価格の算定にあたっては、約束した対価の額に含まれる金利相当分の影響を調整する」（収益認識会計基準56項、57項）と規定され、取引価格の中に重要な金融要素が含まれているとされた場合には、金利相当の調整が必要との旨が示されているのみです。

したがって、割賦販売は、一定期間にわたって供給金額の回収が図られるため、その取引価格の中に収益認識基準にいう重要な金融要素が含まれている場合には、基準に従った金利相当の調整が必要になります。

この重要な金融要素が含まれているか否か、ないしは重要であるか否かについての判断は、以下の2つの事項を含め、関連するすべての事項及び状況を考慮して決める必要があるとされています（収益認識適用指針27項）。

① 約束した対価の額と財又はサービスの現金販売価格との差額
② 約束した財又はサービスを顧客に移転する時点と顧客が支払を行う時点との間の予想される期間の長さ及び関連する市場金利の金融要素に対する影響

①については、通常の現金販売での価格と実際に販売した価格との差額がある場合には金利相当の可能性があること、②に関しては、販売金額の支払期間が長期に及ぶ場合にはその金額の中に金利相当分が含まれている可能性があるということです。このような状況及びその他の事項を総合的に考慮して、重要な金融要素が含まれているかを検討する必要があります。

また、重要な金融要素がある場合の金利相当の調整にあたっては、「契約における取引開始日において、企業と顧客との間で独立した金融取引を行う場合に適用されると見積もられる割引率を使用する。当該割引率は、約束した対価の現在価値が、財又はサービスが顧客に移転される時の現金販売価格と等しくなるような利率である」と規定されています（収益認識適用指針 29 項）。

設例のあてはめ

設例の条件を上記の基準にあてはめてみます。

まず、J 組合が農機 X を割賦販売で供給していますが、その契約の中に重要な金融要素が含まれるか否かを、上記の判断項目にあてはめて検討します。

> ①約束した対価の財とサービスの現金販売価格との差額
> ⇒設例では、割賦販売での取引金額 25,460 千円と通常の現金販売価格 24,000 千円とに差異がありますので、金融要素が含まれている可能性が高いと判断できます。
> ②約束した財又はサービスを顧客に移転する時点と顧客が支払を行う時点との間の予想される期間の長さ及び関連する市場金利の金融要素に対する影響
> ⇒設例の割賦販売の支払については、年１回払いで５年間にわたり支払われることになっており、通常よりも長期に及んでいることから、金融要素が含まれている可能性が高いと判断できます。

上記の結果、この割賦販売には、信用供与等の金融要素が含まれている可能性が高く、設例においても、重要な金融要素が含まれていると判断されています。

次に、重要な金融要素の影響がある場合に、約束した対価の額を調整する必要がありますが、J 組合の信用事業での金融取引で適用されると見込まれる利率は 2% とされているので、その割引率で金利相当を調整することになります。支払回数に応じた金利調整を行った具体的な金額は下表のとおりです。

〈割賦販売支払金額〉　(単位：千円)

支払回数		1	2	3	4	5	計
割賦元本		4,612	4,704	4,798	4,894	4,992	24,000
割賦金利		480	388	294	198	100	1,460
元利金合計		5,092	5,092	5,092	5,092	5,092	25,460
割賦残高	24,000	19,388	14,684	9,886	4,992	0	

結 論

上記の検討結果のように、割賦販売での会計処理は、組合員との間での契約対価の額に重要な金融要素が含まれると判断され、その金利相当を調整することになります。

なお、下記の会計処理は、農機の現金販売金額について、貸付金を行った処理と変わらないことがわかると思います。

[仕 訳]

◆農機Ｘ供給引渡し時

経済未収金　24,000千円　／　購買品供給高　24,000千円
(割賦販売債権)

◆×2年6月（第1回支払時）

現金預金　5,092千円　／　経済未収金　4,612千円
割賦販売受取利息　480千円

◆×3年6月（第2回支払時）

現金預金　5,092千円　／　経済未収金　4,704千円
割賦販売受取利息　388千円

（注）以下、第5回支払まで、解説で示された元本及び受取利息を計上する。

割賦販売会計処理

割賦販売の会計処理は、①販売基準、②回収期限到来基準、③回収基準と３つの基準が認められてきました（企業会計原則注解注６(4)）。

販売基準は､物品の引渡しをもって売上を計上する通常の会計処理です。一方、回収期限到来基準は、分割回収する販売代金の期限が到来した日に収益を計上する基準で、回収基準は、その販売代金の実際の回収日に収益を計上する基準です。

割賦販売は、販売形態として代金回収の期間が長期にわたり、代金回収リスクが高く､本来であれば､貸倒引当金及び代金回収費､アフター・サービス費等の引当金の計上について特別の配慮が必要と考えられます。しかし、その算定には、不確実性と煩雑さを伴う場合が多く、簡便的に、収益の認識を慎重に行うため、これら販売基準以外の両方の方法は、日本の会計ルール上、認められてきた会計処理です。

収益認識基準では、上記の販売基準以外の会計処理は、代替的な取扱いとしても認められていません。これは、②及び③の基準を認めて適用した場合、収益の額及び収益認識時点が国際的な取扱いと大きくかけ離れ、財務諸表の比較可能性を損なわせるおそれがあることによります。

設例 1-6　農機の無償修理サービス（財・サービスの保証）

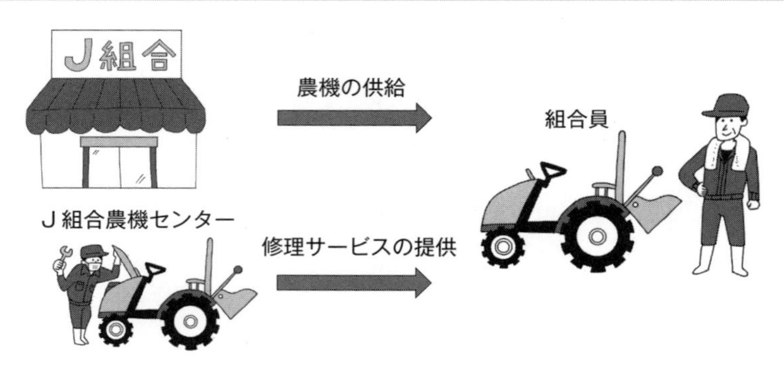

J組合は、組合員から1台当たり1,000千円の農機Z100台（取引価格1億円）を受注した。農機Zは法令上の要請もあり、1年間の無償修理サービスが付いている。2年目以降、通常は、有償で修理サービスを提供するが、今回、追加で、販売後5年間の無償修理サービスを提供することにした。修理作業はJ組合の農機センターで行うが、農機Zの運搬作業はJ組合の職員が行う。

農機Zの1年目の故障率は3%、2年目以降5年目までの故障率は16%と統計的に把握されている。修理費用（運搬費含む）は1件当たり400千円が発生し、初年度は無償であるものの、2年目以降は、通常、1件当たり500千円で修理サービス代金を請求している。

ポイント

●無償修理サービスは、どのような会計処理を行うか

物品の販売に附帯している無償の修理サービスは、物品販売と一体になっていると考えられます。物品の販売は、その引渡しによって、組合員への履行義務を果たしており、一方、修理サービスは、修理作業を行ったときに、その履

行義務を果たすことになります。それぞれの履行義務を果たす時点が異なりますが、これを分けて、売上計上しなくてはならないのでしょうか。

また、本来、有償で提供していた修理サービスを無償で保証した場合、通常の無償サービスと同様に考えてもよいのでしょうか。その場合、それぞれの会計処理は、どのように行うことになるのでしょうか。

解説

●収益認識基準における保証サービスの考え方

収益認識適用指針では、物品・サービスの提供に附帯している保証と追加で顧客に提供する保証（保証サービス）を分けて判断することが要求されています（収益認識適用指針 34 項、35 項）。

もともとの附帯している保証と追加の保証サービスを分ける判断基準は、次の 3 点です（収益認識適用指針 37 項）。

①　法律の要求

②　保証期間

③　作業内容

それぞれの判断基準は、次のように考えられています。

1.　法律の要求

物品・サービスの保証が法律で要求されている場合、欠陥品を購入するリスクから消費者を保護するために通常法律が規定しているので、物品・サービスの提供と別個の履行義務ではないと考えられています。

2.　保証期間

通常、保証期間が長いほど、顧客と合意された通常の保証とは別個の保証サービスである場合が多く、この場合、保証サービスは別個の履行義務です。

3.　作業内容

附帯している保証より広範囲な作業を行う場合は、当然、追加された保証となりますが、通常の保証を実行するために、欠陥品の返品の運搬作業などを組合が行う必要がある場合の作業は、追加の履行義務とはなりません。

●収益認識基準における保証の会計処理

収益認識適用指針では、物品・サービスの提供に附帯している保証については、元々、顧客との合意に従った保証なので、別個の履行義務と扱わずに、引当金として会計処理することを要求しています（収益認識適用指針34項）。

一方、通常の顧客と合意された保証とは別個の追加保証サービスである場合は、別個の履行義務であり、物品販売の取引価格を物品販売と保証サービスに配分する必要があります（収益認識適用指針35項）。

その配分方法は、契約時における独立販売価格をそれぞれの履行義務別に算定し、取引価格を独立販売価格の比率で配分します（収益認識会計基準68項）。

●設例のあてはめ

設例では、1年目の無償修理サービス（初年度無償サービス）と、2年目以降の、通常は有償で修理するサービスを無償提供すること（2年目以降無償サービス）になっており、「初年度無償サービス」と「2年目以降無償サービス」を別個に考える必要があります。では、両方の無償サービスを上述の判断基準にあてはめてみます。

1.　法律の要求

初年度無償サービスは法律で要求されており、物品・サービスの提供と別個の履行義務ではないと考えられますが、2年目以降無償サービスは法的要求がないので別個の履行義務であると考えられます。

2.　保証期間

初年度無償サービスは1年間と期間が短く、2年目以降無償サービスは4年間と期間が長いため、この点からも、前者が別個の履行義務でなく、後者は別個の履行義務であると考えられます。

3.　作業内容

修理品の農機センターへの運搬作業は、いずれも組合が実施しますが、初年度無償サービスでは別個の履行義務でなく、2年目以降無償サービスでは別個の履行義務であると考えられます。

結 論

上記の検討から、初年度無償サービスは別個の履行義務でないため、引当金としての会計処理を行い、2年目以降無償サービスは別個の履行義務であるため、農機Ｚの取引価格を農機Ｚの販売と2年目以降無償サービスに配分して、それぞれの履行義務を果たした時点で売上計上することになります。

具体的には、設例では、農機Ｚの5年間における故障率の統計と2年目以降の1件当たり400千円及び500千円の修理費用及び代金請求額というデータがありますので、このデータをもって2年目以降無償サービスの独立販売価格を見積もり配分します。引当金も同様に算出できます。

[仕 訳]

◆初年度無償サービス

●農機Ｚ納品時

製品保証引当金繰入額　1,200千円　／　製品保証引当金　1,200千円(※1)

（※1）　1台当たり修理費400千円×100台×故障率3%＝1,200千円

●1台修理時

修理費用	400千円 ／	現金預金	400千円
製品保証引当金	400千円 ／	修理費用	400千円

（注）1年経過後、当初見込台数の修理が発生せず、製品保証引当金残高が残った場合、その時点で全額を取り崩し、収益計上します。

◆2年目以降無償サービス（保証サービス）

●農機Z納品時

経済未収金	100,000千円	購買品供給高	92,600千円(※2)
		契約負債(繰延収益)	7,400千円(※3)

●1台修理時

修理費用	400千円	現金預金	400千円
契約負債(繰延収益)	462千円	その他収益	462千円(※4)

（※2）農機Zの供給高　取引価格100,000千円×農機Z配分率92.6%＝92,600千円

・保証サービスの独立販売価格：

1台当たり修理代500千円×100台×故障率16%＝ 8,000千円

・履行義務の配分：

保証サービスの配分率　8,000千円÷(8,000千円＋100,000千円)＝7.4%

農機Zの配分率　100%−7.4%＝92.6%

（※3）保証サービスの収益額　100,000千円－92,600千円＝7,400千円

（※4）故障率に対する台数按分　7,400千円÷(100台×故障率16%)＝462千円

（注）5年経過後、当初見込台数の修理が発生せず、契約負債（繰延収益）残高が残った場合、その時点で全額を取り崩し、収益計上します。

設例 1-7　農機等の改良サービス（作業請負契約）

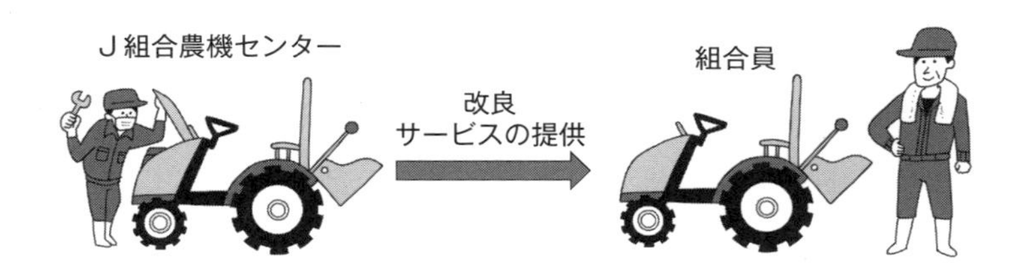

Ｊ組合は、組合員が有する農機Ｗを独自仕様に２年間かけて改良する契約を10,000千円で組合員と締結した。契約額の支払条件は当初契約時に3,000千円、１年後に3,000千円、完了時に4,000千円を支払うことになっている。この改良作業に要する費用は２年間で8,000千円を要する。契約期間の途中で解約した場合でも、Ｊ組合で途中まで発生した費用に見合う契約額を組合員が負担することになっている。X1年度では、費用2,000千円が発生した。

また、別の組合員と、農機Ｈの独自仕様改良契約を1,000千円で締結した。改良期間は２か月で、改良完了時に契約額全額をＪ組合は組合員から受け取る。途中解約の条件は農機Ｗと同じである。当該改良費用は800千円で、X1年度に費用600千円を要した。

ポイント

●作業請負契約の売上は、いつ、どのように計上するか

作業請負契約は、一般的な物品の販売と異なり、一時点で提供されるサービスではなく、一定の期間にわたりサービスを提供します。この契約期間において、いつ売上計上すればよいでしょうか。支払条件は、どのように関係するでしょうか。その会計処理方法は、どのように計算するでしょうか。

また、サービスの契約期間が短期間と長期間で、その会計処理の取扱いは同じでしょうか。

解説

●収益認識基準における作業請負契約等の売上計上時点

収益認識基準では、次の①から③のいずれかに該当する場合、一定の期間にわたり売上計上することになっています（収益認識会計基準38項）。

① 契約義務を履行するにつれて顧客が便益を享受する

② 契約義務を履行することで資産価値が増加し、顧客が支配する

③ 契約義務を履行することで資産が別の用途に転用できなくなり、かつ、契約義務の履行が完了した部分の対価を請求できる

上記に該当する場合、売上は進捗度に基づき、一定の期間にわたり計上します。進捗度は、単一の同じ方法で見積もり、首尾一貫し、毎決算時に見直すことが要求されています。また、進捗度を合理的に見積もれる場合のみ、一定の期間にわたり販売価額を売上計上し、進捗度を合理的に見積もれないが、発生費用を回収できる場合には、進捗度を合理的に見積もれる時まで発生費用分だけ売上計上する（原価回収基準）ことになっています。（収益認識会計基準41項～45項）。

進捗度は、達成成果評価、マイルストーン、経過期間、生産単位数、引渡単位数等の指標を用いるアウトプット法と発生費用、労働時間、機械使用時間等の指標を用いるインプット法があります（収益認識適用指針15項～22項）。実務的には、作業請負時の予算上、見積もった請負原価をベースにした発生費用を用いるケースが多いかもしれません。通常、作業請負時の請負原価を見積もれないケースは想定しづらく、原価回収基準で売上計上することは極めて稀なケースと考えられます。

また、期間が「ごく短い」作業請負契約については、一定の期間にわたり売上を計上せず、履行義務が完了した時点で、一時に売上計上することも認めら

れています（収益認識適用指針95項）。

なお、以上の説明により、作業請負契約の支払条件、つまり、契約金額に係る代金回収の時期と金額は、売上計上の時期と金額に何ら関係がないことがわかります。

設例のあてはめ

設例では、農機Ｗ及びＨの改良は、その作業を行うことで、各農機独自仕様となるため他の用途に使用できなくなり、かつ、途中で解約した場合でも発生費用に見合う売上を請求できますので、上述の③に該当すると考えられます。

したがって、両作業請負契約は、一定の期間にわたり、売上計上することになります。作業契約の請負時に、請負原価を見積もっていますので、発生費用によって、進捗度を算定し用いることができます。

ただし、農機Ｈは、その作業期間が２か月と、「ごく短い」作業請負契約に該当するといえ、一定の期間にわたり売上計上せず、履行義務が完了した時点で、一時に売上計上することも認められています。Ｊ組合は、重要性及び実務上の簡便性を考慮し、「ごく短い」作業請負契約は、完了時点で一時に売上計上することにしました。もちろん、容認規定なので、短期の作業請負契約に対して一定期間にわたり売上計上することも可能です。

結論

上述の検討結果、農機Ｗの改良作業は、発生費用ベースで進捗度を見積もり、請負期間である２年間にわたって売上計上することになります。一方、農機Ｈの改良作業は、作業の完了及び引渡時点で売上計上します。

[仕 訳]

◆農機 W

●契約時（第 1 回支払）

現金預金	3,000 千円	／	契約負債	3,000 千円

●X1 年度 費用発生時

購買事業費用	2,000 千円	／	現金預金	2,000 千円

●X1 年度 決算時

契約負債	2,500 千円	／	購売事業その他収益	2,500 千円(※)

（※）売上：契約額 10,000 千円×進捗度 25％＝2,500 千円

進捗度：発生費用 2,000 千円÷総費用 8,000 千円×100＝25％

◆農機 H

●契約時：仕訳なし

●X1 年度 費用発生時

仕掛品（棚卸資産）	600 千円	／	現金預金	600 千円

●X1 年度 決算時：仕訳なし

●作業完了・引渡時

経済未収金	1,000 千円	／	購買事業その他収益	1,000 千円
購買事業費用	800 千円	／	仕掛品	600 千円
			現金預金	200 千円

設例 1-8　ガソリンの供給

ガソリンスタンドでの
物品・サービスの提供

J組合は、ガソリンスタンドに立ち寄った組合員Aにレギュラーガソリン50ℓを給油した。店頭価格は1ℓ当たり120円である。組合員Aは洗車サービスとタイヤ交換も行い、すべて未収供給扱いとした。翌月、組合員Aの貯金口座から引き落すことにした。

洗車サービス料金は2,000円、タイヤ代金（交換作業代含む）は12,000円である。

ポイント

ガソリンスタンドでの物品・サービスは、いつ、いくら売上計上するか

ガソリンスタンドでは、ガソリンや灯油などの給油だけではなく、洗車サービス、タイヤ・部品・オイルなどの販売、ジュース・飲食物などの販売等、さまざまな物品・サービスを組合員はじめ消費者に提供しています。過疎地などでJAが運営するガソリンスタンドであるJA-SSは、地域によっては、欠くことのできない貴重な地域のインフラとなっている場合があります。このようなガソリンスタンドで供給する各種さまざまな物品販売、サービスの提供について、それぞれの売上を、いつ、いくら、どのように計上するのでしょうか。

解説

●ガソリンスタンドでの売上計上時点、計上方法

収益認識基準では、①契約の識別、②履行義務の識別、③取引価格の算定、④履行義務への取引価格の配分といった一連のステップをもって売上計上を行うことを想定しています。複数の物品・サービスを提供する際には、各種物品・サービスがそれぞれ別個のものか、一連のものか判定することになります。それぞれ別個であれば、別々に売上計上され、一連のものであれば、一緒に売上計上します。

また、各種物品・サービスが他の顧客と同水準の客観的な独立販売価格で取引されているかどうかを検討します。各種物品・サービスが他の顧客と同水準の客観的な独立販売価格で取引されている場合は、その売上計上額は独立販売価格になり、そうでなければ、独立販売価格をベースに取引価格の再配分を行うことが要求されています。さらに、各種物品・サービスの履行義務が一時点でなされるのか、一定の期間にわたってなされるのかで売上計上の時期が異なります。

●設例のあてはめ

設例にあるようなガソリンスタンドでの各種物品販売やサービスは、その日に同時に提供されたとしても、通常、個々の取引は独立しており、別個のものと取り扱われることが多いと考えられます。また、特殊な契約を特定の組合員や得意先と締結している場合を除き、通常の店頭での販売サービス業務では、その各種物品・サービスは他の顧客と同水準の客観的な独立販売価格で取引されていると考えられます。さらに、長期にわたる一定の期間において履行義務を果たす契約はガソリンスタンドでは稀で、通常は、一時点をもって履行義務が果たされると考えられます。

結論

J組合と組合員Aのガソリンスタンドでの店頭取引は、さまざまな物品販売・サービス提供がなされているものの、特殊な売買契約を締結しているわけではなく、他の顧客と変わらない通常取引であり、その履行義務は店頭での引渡しの一時点をもってなされます。したがって、その売上計上時点は、代金の引き落とし時点ではなく、店頭における物品・サービスの提供時です。

[仕 訳]

◆店頭販売時

	借方	金額		貸方	金額
ガソリン	経済未収金	6,000円	／	購買品供給高	6,000円
洗車サービス	経済未収金	2,000円	／	購買事業その他収益	2,000円
タイヤ交換	経済未収金	12,000円	／	購買品供給高	12,000円

◆代金決済時

	借方	金額		貸方	金額
	貯　金	20,000円	／	経済未収金	20,000円

設例 1-9　灯油の巡回販売

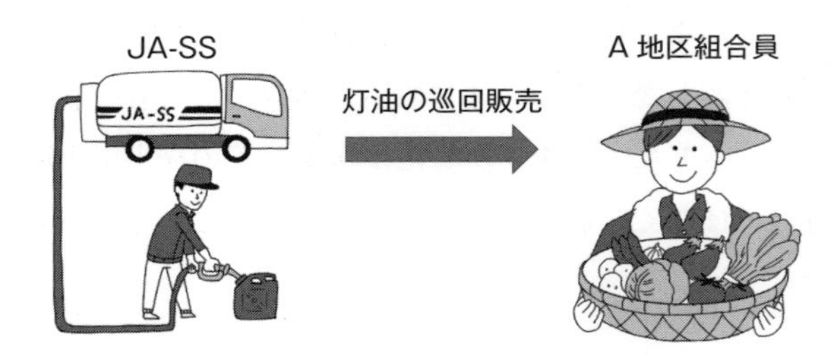

J 組合は、A 地区の組合員に灯油の巡回販売を行っている。本日の配達価格は 18ℓ 当たり 1,800 円で、1,800ℓ をすべて現金で販売した。なお、店頭での販売価格は 18ℓ 当たり 1,650 円であった。

ポイント

●灯油の巡回販売は、いつ、どのように売上計上できるか

灯油の巡回販売は、灯油そのものの物品販売と配達という２つの業務が混在しています。それぞれの業務について、いつ、どのように売上計上するでしょうか。両方の業務を一つの業務と考えて、一緒に売上計上することができるでしょうか。

解説

収益認識基準における履行義務の識別

収益認識基準では、複数の物品・サービスを同時に提供する際には、取引開始日における顧客に対する契約上の約束を、履行義務ごとに分けて評価します。別個の物品・サービスの提供なのか、一連の同じ括りの物品・サービスの提供なのかは、次の２つのいずれも満たすか否かで判断します。

①　顧客は単独で物品・サービスの提供から便益を享受できるか

②　それぞれの物品・サービスの提供を区分でき、別個に契約することもできるか

いずれも当てはまる場合、別個の物品・サービスの提供と判断し、それぞれの物品・サービスの提供によって、顧客にそれら資産の支配が移転し、履行義務を果たした際に売上計上します。これら履行義務が一定の期間にわたり果たされるのか、一時点で果たされるのかによって、売上計上時期が異なります。一定の期間にわたって物品・サービスの支配が移転し、履行義務が果たされる際には、その期間に売上計上します。一方、一時点で支配が移転し履行義務が果たされる場合は、その時点で売上計上します（収益認識会計基準32項～39項）。

設例のあてはめ

設例において、灯油の巡回販売は、灯油そのものの物品販売と配達という２つの業務を別個の業務と捉えるか、一連の同じ業務と捉えるかという論点があります。巡回販売は灯油を配達しなければ、顧客である組合員は便益を享受できず、それぞれ別個に契約していないので、一連の同じ業務といえるという考えもあるかもしれません。

しかし、収益認識基準では、灯油の販売自体は店頭でも販売されており、組合員は店頭に行けば購入でき、J組合も自前で配達せずに配達業者に委託することで配達業務自体を提供することもできるので、厳密には、灯油販売と配達は別個の業務と判断されます。

結 論

上記の検討の結果、灯油の巡回販売において、灯油の物品販売と配達は別個の業務として判断されます。

ただし、通常の灯油販売は、灯油という資産を顧客に引き渡した時点で業務は瞬時に完結し、配達業務も灯油を持参した際に同じ時点で完結するので、その売上計上時点は同時です。したがって、灯油販売と配達は別個の業務ながらも同時に履行義務が果たされるため、これらをそれぞれ別個に売上計上しないことも認められ、以下では、そのように例示します。なお、厳密に別個に分けて売上計上することもできます。

[仕 訳]

灯油配達時　現　金　180千円　／　購買品供給高　180千円

（注）別々に計上する場合、配達業務に係る売上金額は、店頭販売価格との差額15千円と考えられます。

設例 1-10　LP ガスの供給

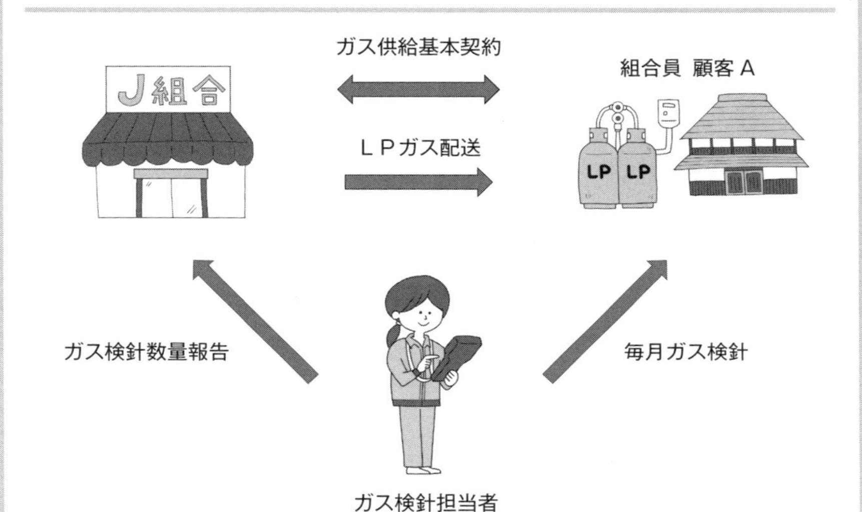

Ｊ組合（３月決算）は、組合員である顧客Ａと液化石油（LP）ガス基本契約を締結し、LP ガスの供給を行っている。料金の体系は、ガスの使用量とは関係なく、ガスの安定供給のために固定的に発生する経費で構成されている基本料金（毎月５千円）とガスの使用量に応じて発生する経費で構成されている従量料金（１千円／1m^3）となっている。

Ｊ組合は、顧客の軒先に LP ガスボンベを配送するとともに、毎月末、ガス検針担当者が顧客を訪問してガスメーターを検針し、各月の使用量を把握している。検針担当者は、検針後検針票を顧客Ａに渡すとともにＪ組合に検針数量を報告しており、顧客Ａの検針結果は２月使用量 0m^3、３月使用量 3m^3 となっていた。

ポイント

●LPガス供給高の計上方法は

LPガスの供給高の内訳については、通常、毎月定額部分である基本料金と使用量によって変化する従量料金とに分かれています。1つの契約のなかに定額部分と従量部分がある場合に、どのように、いつの時点で供給高を計上すればいいのでしょうか。

解 説

●履行義務の識別

収益認識基準では、履行義務ごとに収益を認識するため、契約の中にどのような履行義務があるか識別する必要があります。

履行義務を識別する際の判断基準として、下記の2つの要件があります。この2つの要件をいずれも満たす場合には、別個の履行義務として判断されます（収益認識会計基準34項）。

① 財又はサービスから単独で顧客が便益を享受することができること、あるいは、財又はサービスと顧客が容易に利用できる他の資源を組み合わせて顧客が便益を享受することができること

② 財又はサービスを顧客に移転する約束が、契約に含まれる他の約束と区分して識別できること

このうち①については、契約等で単一の履行義務のような形式になっている場合でも、契約の中に通常は単独で財又はサービスを提供している履行義務が複数含まれている場合があることを示しています。

②については、区別して識別できない要因として、以下の3つが例示されています。

・契約の内容として、複数の別個に把握できるであろう財又はサービスが含

まれていたとしても、それらを束ねることで最終成果物が作成されるような重要なサービスが含まれている場合

- 他の財又はサービスによって著しく修正されたり、顧客の特別仕様となる場合
- 財又はサービスの相互依存性又は相互関連性が高いため、それぞれの影響が著しい場合

【図表 2-2】履行義務の識別手順

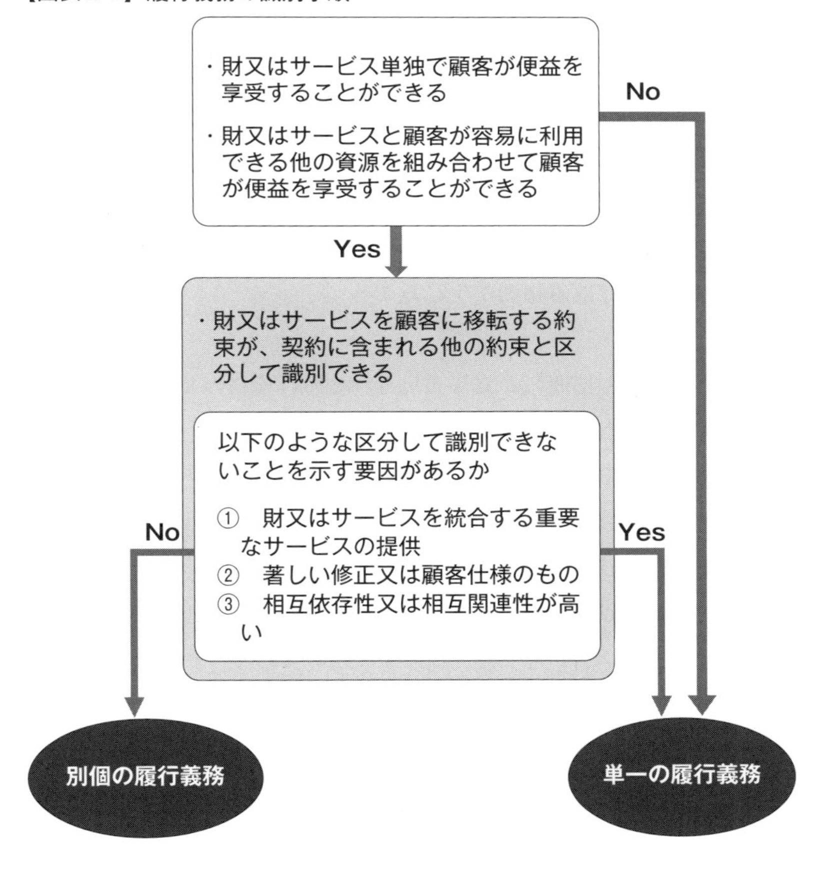

●履行義務の充足による収益の認識

収益認識基準は、財又はサービスを顧客に移転することにより履行義務を充足した時、又は、履行義務を充足するにつれて、収益を認識するものとしています（収益認識会計基準35項）。履行義務を充足した時とは、充足した一時点で、履行義務を充足するにつれてとは、一定期間にわたり収益を計上することになります。

識別した履行義務について、以下の3つの要件のいずれかに該当する場合には、一定の期間にわたり充足される履行義務とされます（収益認識会計基準38項）。

① 企業が義務を履行するにつれて、顧客が便益を享受すること

② 企業が義務を履行することにより、資産が生じるか資産価値が高まり、顧客が資産を支配すること

③ 企業が義務を履行することで別の用途に転用できない資産が生じ、履行部分の対価を受け取る権利が生じること

また、上記の一定の期間にわたり充足される履行義務のどの要件にも該当しない場合には、一時点で充足される履行義務として取り扱い、資産に対する支配が顧客に移転した時点で収益を認識します（収益認識会計基準39項）。資産に対する支配がいつ移転したかについては、次の①から⑤の指標例を検討して決定します（収益認識会計基準40項）。

① 企業が顧客に提供した資産に関する対価を収受する現在の権利を有していること

② 顧客が資産に対する法的所有権を有していること

③ 企業が資産の物理的占有を移転したこと

④ 顧客が資産の所有に伴う重大なリスクを負い、経済価値を享受していること

⑤ 顧客が資産を検収したこと

【図表 2-3】履行義務の充足による収益の認識手順

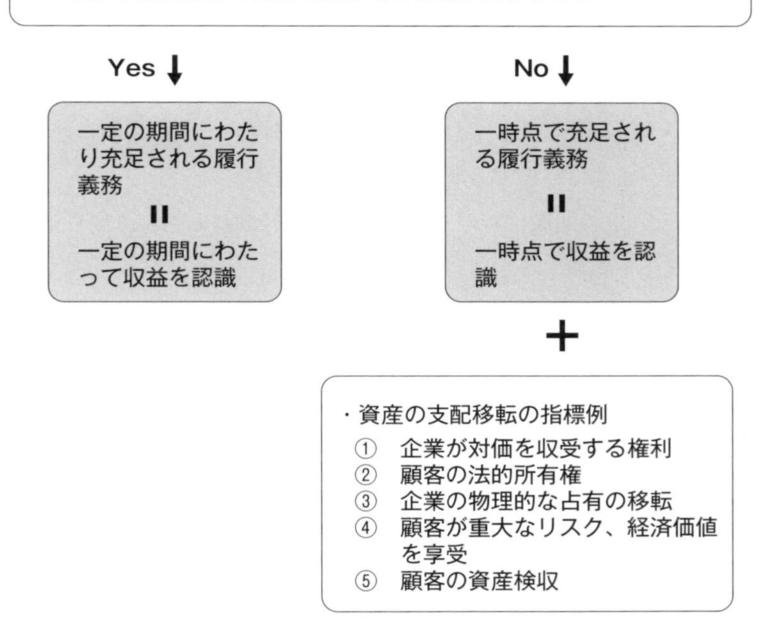

設例のあてはめ

設例の条件を上記基準の要件にあてはめてみます。

まず、契約金額の中で、定額の部分と従量の部分があることで、履行義務が別個に認識されるかどうかを検討する必要があります。

LP ガス供給の業務としては、LP ガスの供給（詰め替え）、ボンベの配送、定期点検、検針、管理等があります。このなかで、定期点検、検針、管理等は、LP ガス使用に係らず定期的に実施しなければならず、LP ガス供給側にとっては必須の業務となります。そのため、LP ガス供給側として、ガスの使用によらない定額部分である基本料金を設定していると考えられます。このことから、LP ガスの使用に係る履行義務と定期点検等の履行義務を別個の財又はサービスとして把握できそうですが、LP ガスの供給のためには定期点検等は法的に必要不可欠で、供給と相互関連性が高く履行義務を区別して把握できない要件に合致するものと考えられ、1 つの履行義務であると判断できます。

次に、履行義務をいつの時点で充足したかを検討します。

LP ガスの供給に係る業務は、上記のように多岐にわたっていますが、JA が契約に基づいて LP ガスの供給、ボンベの配送等を行うことで、顧客は LP ガスの使用という便益を享受しており、収益認識基準の一定の期間にわたり資産に対する支配が顧客に移転する取引と考えられます。

したがって、一定の期間にわたり充足される履行義務とされる要件に該当し、一定期間で収益を認識すると判断できます。

結 論

LP ガス供給高は、上記考察のように、一定期間にわたって収益を計上することになるため、3 月末で把握した使用量を含めた金額で計上することになります。

このため、収益認識基準では、検針日が月末でない場合にも、原則として、検針日から決算日までに生じた収益を見積もることが要求されています。

[仕 訳]

2 月末	経済未収金	5 千円	／	LP ガス供給高	5 千円
3 月末	貯　金	5 千円	／	経済未収金	5 千円
	経済未収金	8 千円	／	LP ガス供給高	8 千円

期末日に検針しない場合の供給高計上は？

LP ガスの使用量を把握するために検針を行っている場合、本設例のように毎月末に検針が行えることは多くないと思われます。では、検針日が期末日でない場合は、検針日と期末日までの使用量についての供給高はどのように処理するのでしょうか。

従前の会計処理においては、毎月の検針を前提として検針日基準も認められてきていましたが、収益認識基準では、上記に記載したように、組合が顧客との契約における義務を履行するにつれて顧客が便益を享受する場合など、一定の期間にわたり資産に対する支配が顧客に移転する取引については、一定の期間にわたり供給者としての履行義務を充足して収益を認識する（収益認識会計基準 38 項）となっており、検針日から決算日までの収益についても計上するものとされています。

この点に関して、収益認識適用指針 188 項で代替的な取扱いを設けなかった理由として、検針日から決算日までの見積りの困難性について、評価が十分に定まらず、代替的な取扱いの必要性について合意が形成されなかったとし、今後、財務諸表作成者により、財務諸表監査への対応を含んだ見積りの困難性に対する評価が十分に行われ、会計基準の定めに従った処理を行うことが実務上著しく困難である旨、企業会計基準委員会に提起された場合には、公開の審議により、別途対応を図ることの要否を判断することが考えられると記載されています。

したがって、決算日に検針を行えない場合の検針日から決算日までの LP ガス供給高をどのように把握するか、事前に十分検討しておく必要があるといえます。

設例 1-11　委託 LP ガスの供給

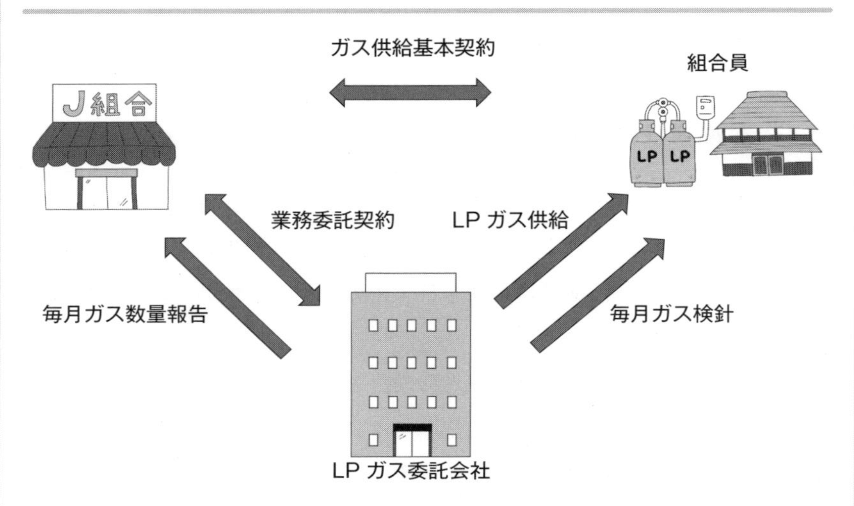

J 組合は、以前 LP ガスの供給業務を行っていたが、数年前からその業務自体を LP ガス供給委託会社へ業務委託の形式で移管した。

LP ガスの供給基本契約は、組合員である顧客と J 組合との間で取り交わしているが、供給業務自体はボンベの充填、配送、在庫管理も含め、すべて LP ガス供給委託会社が行っている。

J 組合と LP ガス供給委託会社との業務委託契約では、毎月のガス供給高を J 組合に報告することになっており、その供給高の 1% を J 組合の手数料とすることが決められている。

当月のガス供給高の報告金額は、20,000 千円であった。

ポイント

●LP ガスに係る供給高の計上金額はいくらか

LP ガスの供給先である顧客は、J 組合とガス供給に係る基本契約を締結していることから、一義的にはJ 組合との取引となります。ただし、LP ガスの供給を、すべてLP ガス供給委託会社が行っている場合は、J 組合の供給高の計上金額はいくらになるでしょうか。

●LP ガスに係る供給高はいつの時点で計上されるか

J 組合は、LP ガス供給委託会社に業務委託を行っていることから、委託会社からの供給高の報告書が届かないと供給高自体がわかりません。では、J 組合ではいつの時点で収益を計上できるのでしょうか。

解 説

●本人と代理人の区分

顧客への財又はサービスの提供に他の当事者が関与している場合には、本人に該当するか代理人に該当するかで、収益計上する金額が総額となるか純額となるかが決まります。**設例 1-4** で記載した【図表 2-1】に従って判断することになります。

●履行義務の充足による収益の認識

J 組合の履行義務については、業務委託を行っているものの、顧客に対するLP ガスの供給であるといえることから、**設例 1-10** で解説した履行義務の充足による収益の認識（【図表 2-3】）と同様に判断するものと考えられます。

●設例のあてはめ

設例の条件を上記基準の要件にあてはめてみます。

まずは、本人に該当するかどうかについて、要件及び指標で検討してみます。

設例からも明確なように、J組合はLPガス供給業務のほとんどすべてをLPガス供給委託会社に行ってもらっていることから、財の保有及び権利も有しておらず、他の財又はサービスとの統合も行っていないことから、3つの要件に該当しておらず、また、主たる責任、在庫リスク及び価格設定の裁量権もないことから、3つの指標にもあてはまっていません。

次に、履行義務の充足に関してですが、**設例1-10**で考察したとおり、LPガスの供給に関しては、履行義務を充足するにつれて収益を認識することになります。

結論

LPガスの供給については、J組合は代理人としての取引となることから、業務委託会社と契約で取り交わした手数料のみを収益計上することになります。また、収益の計上時期については、履行義務を充足するにつれて計上することになりますので、LPガス供給委託会社の供給報告書に記載されている供給日にJ組合の収益も計上することになります。

[仕訳]

LPガス供給月	経済未収金	20,000千円	/	経済未払金	19,800千円
				LPガス手数料	200千円

設例 1-12　経済奨励金の会計処理

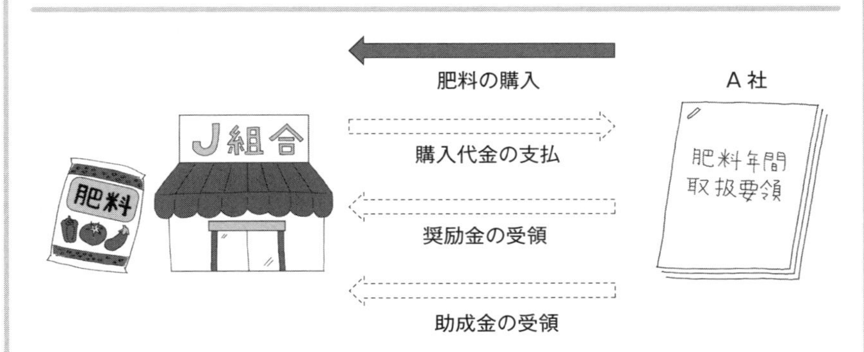

J 組合は、×1 年３月期に A 社から肥料を 500,000 千円購入した。

A 社の肥料年間取扱要領では、年間取扱高が 100,000 千円を超えると、超えた取扱高に対して 2% の奨励金を購入者に支払うことになっている。そこで、当要領に基づき、J 組合は、×1 年４月に 8,000 千円（(500,000 千円－100,000 千円)×2%）の奨励金を受領した。

このほかに、J 組合は、×1 年３月期に発生した肥料予約注文書印刷経費に対する助成金として、A 社から×1 年３月に 500 千円を支払う旨の通知を受け、×1 年４月に受領した。

ポイント

●奨励金や助成金は収益計上可能か

J 組合は、A 社から受領した奨励金や助成金をいつ収益として計上することができるのでしょうか。

解説

●収益認識基準で取り扱う範囲

収益認識基準は、顧客との契約から生じる収益の会計処理に適用されます。つまり、顧客に対して何らかの財やサービスを提供し、その対価として代金を受領する取引に関して計上される収益に適用されます。

設例のような奨励金や助成金は、購入した商品に関する代金の払戻しや、別の業者に支払った代金の補填などの目的で受領するものであり、顧客に対して提供した財やサービスの代金として受領するものではありません。そのため、収益認識基準は適用されません。

したがって、設例のような奨励金や助成金は、一般的な会計の基準に準拠して会計処理します。

●値引、割戻し、割引と経費補填の助成金に関する会計処理

設例のような奨励金に関連する取引として、「値引」、「割戻し」、「割引」があります。

「値引」とは、商品やサービスに不良が発生した場合に、売上代金の減額や返金を行う取引をいいます。また、「割戻し」とは、一定以上の取引実績のある取引先に対して、あらかじめ決められた金額等に基づき、売上代金の減額や返金を行う取引をいいます。

「値引」と「割戻し」の会計処理では、売上側は売上時の逆仕訳、仕入側は仕入時の逆仕訳を計上します。「値引」と「割戻し」は、受け取った売上代金や、支払った仕入代金に関連する取引であることから、それぞれにおいて逆仕訳を計上します。例えば、支払った仕入代金が戻ってくるため逆仕訳を計上すると整理すればわかりやすいかもしれません。

「割引」は、商品やサービスの代金を支払期限よりも早く支払ったことを理由として、売上代金の減額を行う取引です。「割引」は、「値引」や「返品」と

異なり利息としての性質を持つことから、売上側は事業外費用、仕入側は事業外収益として計上します。

一方で、設例のような助成金は、各種事業の遂行に伴い発生する経費を補填するために支払われます。このような助成金は、助成対象である事業遂行に伴い発生する経費との間に直接的な関係がない場合は、会計の原則である総額主義の原則に基づき、受領する金額で収益を計上します。

●設例のあてはめ

設例の条件を上記会計処理にあてはめてみます。

設例の奨励金は、「年間取扱高が100,000千円を超えると、超えた取扱高に対して2%の奨励金を購入者に対して支払う」という要領に基づき受領したものです。つまり、A社が、一定以上の取引実績のあるJ組合に対して行った売上代金の減額になりますので、「割戻し」に該当します。したがって、受領した金額で、仕入時の逆仕訳を計上します。

一方で、設例の助成金は、「肥料予約注文書印刷経費に対する助成金」であり、経費の補填により事業遂行を支援する助成金であることから、受領した金額で収益を計上します。

結論

設例の奨励金は「割戻し」に該当し、受領した金額で仕入時の逆仕訳を計上します。なお、購入した肥料が在庫としての残っている場合には、一定の基準で按分する必要があります。一方で、設例の助成金は事業遂行に伴い発生する経費との間に直接的な関係がない場合は、受領した金額で収益を計上します。

[仕 訳]

×1年3月末	経済未収金(※)	8,000千円	／	購買品受入高	8,000千円
×1年3月末	経済未収金(※)	500千円	／	購買雑収入	500千円

（※）×1年3月末時点では奨励金と助成金を受領していませんが、通知は×1年3月期の決算確定前に受領しているため、×1年3月末に経済未収金として計上しています。

期末日後に確定した奨励金や助成金の会計処理

期末日後に金額が確定した奨励金（「割戻し」に該当するもの）や助成金（事業遂行に伴い発生する経費を補填する目的のもの）は、それが期末日前の取引に関連するものであれば、原則として期末日基準で未収計上します。しかしながら、重要性が乏しい場合は、受領時に会計処理を行うなど、簡便的な会計処理が容認される場合があります。

第**2**節

販売事業

設例 2-1　米共同計算における販売手数料の収益認識

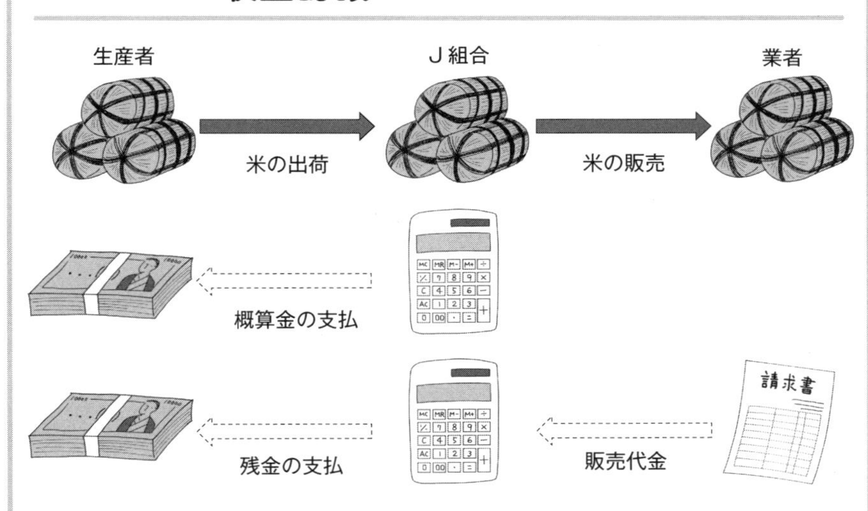

J組合は、×1年5月に生産者との間で×1年産米の売買委託契約を締結した。本契約には、米の業者等への販売のほか、概算金の支払と共同計算の実施が含まれている。

×1年11月に、生産者は米400,000俵をJ組合に出荷し、J組合は、出荷に対する概算金を生産者に支払った。概算金は、理事会決議によりあらかじめ決められていた単価（13,500円／俵）に基づき、5,400,000千円（400,000俵×13,500円／俵）と算定された。なお、J組合は、支払った概算金に対して所定の利率により生産者から利息を受領している。

J組合は生産者が出荷した米を複数の業者に以下のとおり販売し

た。なお、下記販売に対して、400円／俵の単価で販売手数料をそれぞれ受領している。

×1年12月：2,250,000千円、150,000俵

×2年1月：2,800,000千円、200,000俵

×2年2月：600,000千円、50,000俵

×2年3月に共同計算を行い、販売合計金額から販売手数料と概算金を控除した残高を計算して生産者ごとの分配金を算定し、分配金を生産者に分配した。

なお、J組合では、米の売買委託契約のサービスのうち、共同計算の実施については、業者等への米の販売業務などと比較すると、複雑な集計作業が含まれているわけではないことなどから、売買委託契約において主要な業務でなく、対価の金額的重要性がないサービスであると判断している。

ポイント

●米の販売手数料はいつ計上できるか

米の委託販売では、生産者に対する概算金の支払や、業者等に対する米の販売、共同計算の実施が行われます。なお、共同計算とは、米の販売代金をプール計算して生産者に支払うことをいいます。

米の販売手数料は、概算金の支払時、米の販売時、共同計算の実施時のうち、いずれの時期に計上するのでしょうか。

解 説

●収益認識基準における取扱い

1.　収益認識基準の適用範囲

収益認識基準は、顧客との契約から生じる収益に関する会計処理及び開示に適用されますが、適用外とされている取引がいくつかあります。

企業会計基準第10号「金融商品に関する会計基準」（以下、「金融商品会計基準」という）の範囲に含まれる金融商品に係る取引が適用外の取引の一つとされており、金融商品会計基準の範囲に含まれる利息は収益認識基準が適用されません。

2.　履行義務の識別

収益認識基準では、約束した財又はサービスを顧客に移転することにより履行義務を充足した時に又は充足するにつれて収益を認識します。そのため、契約における履行義務を識別する必要があります。

履行義務とは、顧客との契約において、次の①又は②のいずれかを顧客に移転する約束をいいます。

①　別個の財又はサービス（あるいは別個の財又はサービスの束）

②　一連の別個の財又はサービス

この定義に照らして、契約を履行するための活動は、当該活動により財又はサービスが顧客に移転する場合を除き、履行義務ではないとされています。

なお、履行義務の識別においては、重要性が乏しい場合の取扱いが認められており、約束した財又はサービスが、顧客との契約の観点で重要性が乏しい場合には、当該約束が履行義務であるのかについて評価しないことができるとされています。

3.　履行義務の充足

収益認識基準では、約束した財又はサービスを顧客に移転することにより履行義務を充足した時に、又は充足するにつれて、収益を認識します。資産が移転するのは、顧客が当該資産に対する支配を獲得した時、又は獲得するにつれてとされています。

履行義務の充足を忠実に描写するため、契約における取引開始日に、識別された履行義務のそれぞれが、一定の期間にわたり充足されるものか又は一時点で充足されるものかを判定します。

ここで、次の①から③の要件のいずれかを満たす場合は、一定の期間にわたり履行義務が充足されるものであると判定します。一定の期間にわたり充足される履行義務と判定された場合は、履行義務を充足するにつれて収益を認識します。

①　企業が顧客との契約における義務を履行するにつれて、顧客が便益を享受すること

②　企業が顧客との契約における義務を履行することにより、資産が生じる又は資産の価値が増加し、当該資産が生じる又は当該資産の価値が増加するにつれて、顧客が当該資産を支配すること

③　次の要件のいずれも満たすこと

イ　企業が顧客との契約における義務を履行することにより、別の用途に転用することができない資産が生じること

ロ　企業が顧客との契約における義務の履行を完了した部分について、対価を収受する強制力のある権利を有していること

●設例のあてはめ

設例の条件を上記に列挙した基準に留意して、収益認識基準にあてはめて収益の認識時期を検討します。

1.　収益認識基準の適用範囲の検討

「概算金の支払」にて受領する利息は、金融商品会計基準の範囲に含まれる利息に該当するため、収益認識基準が適用されません。この場合は、一般的な会計の基準に従い、経過期間に応じて計算された利息を収益として計上します。

2.　履行義務の識別

「×1年産米の売買委託契約」には、「業者等に対する米の販売」と「共同計算の実施」が含まれます。

このうち、「共同計算の実施」では、最初に、「業者等に対する米の販売」で受領した販売高を集計します。次に、概算金や概算金金利、販売手数料、保管料、運賃、広告宣伝費等のような生産者にすでに支払った金額や米の委託販売において発生した各種経費を集計します。さらに、販売高合計から概算金や各種経費の合計額を控除した残高を計算します。最後に、この残高から生産者ごとの分配金を計算して、分配金を生産者に分配します。

販売期間が長期にわたる米の販売では、販売時期によって販売価格が異なるほか、販売先によって運賃が異なることから、販売取引ごとに分配金が異なります。このような分配金を平準化し、生産者に米の販売代金を公平に分配するためJ組合が提供するサービスが「共同計算の実施」です。

したがって、「×1年産米の売買委託契約」において約束した財又はサービスには、「業者等に対する米の販売」と「共同計算の実施」が該当します。

しかしながら、設例では「共同計算の実施」は、重要性が乏しいサービスに該当するとされていることから、収益認識基準の例外規定を適用し、履行義務であるのかについて評価しない、つまり履行義務として識別しないことにします。よって、以下では「業者等に対する米の販売」のみ検討します。

3.　一定の期間にわたり充足される履行義務に該当するか否か

「業者等に対する米の販売」を生産者に提供する約束という履行義務が、一定の期間にわたり充足されるものと一時点で充足されるもののいずれに該当するかを判定します。

上記、履行義務の充足に係る3要件に該当するかですが、「業者等に対する米の販売」は、米を業者に出荷し、業者が検収を行った段階で米の支配が移転するため、3要件のいずれにも該当せず、一時点で充足される履行義務といえます。

4. 履行義務の充足に係る収益の認識

設例の販売手数料は、業者等に対して販売した米の俵数に400円／俵の単価を乗じて算定します。

したがって、販売手数料は、「販売手数料単価×販売済み俵数」で算定した金額を「業者等に対する米の販売」を行った時点で、収益として認識します。

結論

販売手数料単価に業者等に販売した米の俵数を乗じて算定した金額を収益（販売手数料）として認識します。

[仕 訳]

◆概算金支払時

生産者に対する概算金支払額を計上します。

×1 年 11 月　販売仮渡金　5,400,000 千円　／　貯金　5,400,000 千円

（注）概算金利息の仕訳は省略しています。

◆業者等への販売時

業者等への販売のつど、受領した販売代金を預金として借方に計上し、400（円／俵）（販売手数料単価）×販売俵数で算定した販売手数料を貸方に計上します。販売仮受金は、貸借差額として貸方に計上します。

	借方		/	貸方	
×2 年 12 月	預金	2,250,000 千円	/	販売仮受金	2,190,000 千円
				販売手数料	60,000 千円
×2 年 1 月	預金	2,800,000 千円	/	販売仮受金	2,720,000 千円
				販売手数料	80,000 千円
×2 年 2 月	預金	600,000 千円	/	販売仮受金	580,000 千円
				販売手数料	20,000 千円

◆共同計算の実施時

販売仮受金合計額と販売仮渡金を借方と貸方にそれぞれ計上し、貸借差額を貸方に貯金として計上します。これが生産者に分配される金額です。

	借方		/	貸方	
×3 年 3 月	販売仮受金	5,490,000 千円	/	販売仮渡金	5,400,000 千円
				貯　金	90,000 千円

「共同計算の実施」に関する収益の認識について

設例では、重要性の観点から「共同計算の実施」を履行義務として識別していませんが、仮に履行義務として識別した場合は、「共同計算の実施」に関する収益の認識についても整理することになります。この場合、売買委託契約における「共同計算の実施」の位置づけによりさまざまな整理が考えられます。

例えば、「業者等に対する米の販売」と「共同計算の実施」を別個のものであるとした場合は、販売手数料をそれぞれのサービスに配分し、「業者等に対する米の販売」に配分された販売手数料は、業者等に米を販売した時点、「共同計算の実施」に配分された販売手数料は、共同計算の結果に基づき生産者に販売代金を分配した時点で、それぞれ認識することになるかもしれません。

設例 2-2　米の買取独自販売

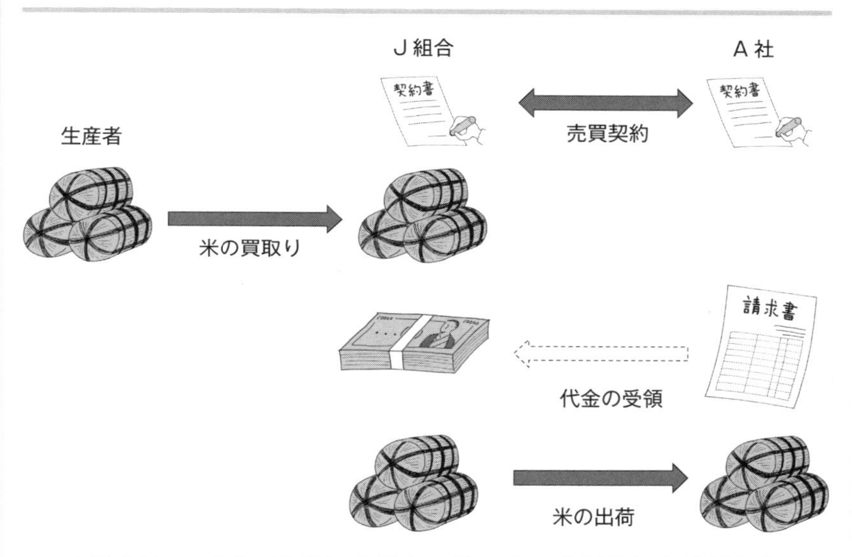

J組合は、×1年10月にA社との間で米の売買契約を締結した。当契約には、以下の内容が含まれている。

契約期間：×1年10月から×2年9月

取引価格：12,000円／俵

取引数量：400,000俵

支払日　：納品日の前日までにJ組合口座に振り込む

J組合は、×1年11月に生産者から米400,000俵を10,000円／俵で買い取った。その後、A社に対して生産者から買い取った米を以下のとおり販売した。

×1年12月：100,000俵

×2年3月　：250,000俵

×2年6月　：50,000俵

なお、販売されるまでA社は買取米に対する支配を有さないとする。

ポイント

●買取米の販売高はいつ計上できるか

買取米の販売取引では、業者との間で売買契約を締結して、販売俵数や販売価格を事前に合意している場合があります。このような場合は、買い取った米は販売できることがほぼ確実であるため、米を買い取った時に販売高を計上することができるのでしょうか。

業者との間であらかじめ売買契約を締結している場合、買取米の販売高はいつ計上できるのでしょうか。

解説

●収益認識基準における取扱い

収益認識基準では、顧客との契約における履行義務の充足、つまり別個の財又はサービスの顧客への移転が一定期間にわたり行われるのか、一時点で行われるのかを判定します。

履行義務の充足による収益の認識については、**設例 1-10** で示した以下の図表に基づいて判断されます。

【図表2-4】履行義務の充足による収益の認識手順（再掲）

・識別した履行義務について、以下の3要件のいずれかに該当するか
○　企業が義務を履行するにつれて、顧客が便益を享受すること
○　企業が義務を履行することにより、資産が生じるか資産価値が高まり、顧客が資産を支配すること
○　企業が義務を履行することで別の用途に転用できない資産が生じ、履行部分の対価を受け取る権利が生じること

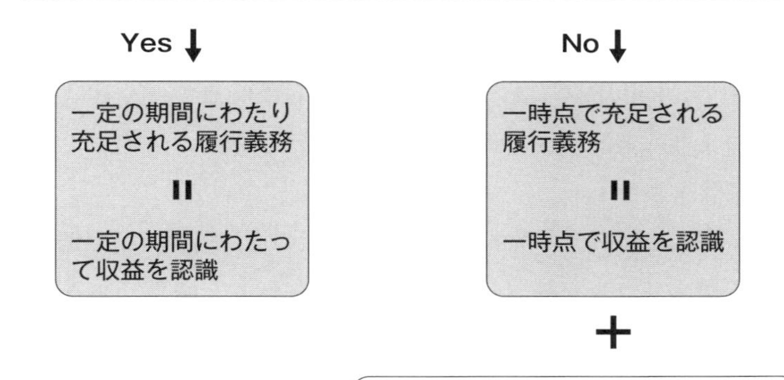

・資産の支配移転の指標例
①　企業が対価を収受する権利
②　顧客の法的所有権
③　企業の物理的な占有の移転
④　顧客が重大なリスク、経済価値を享受
⑤　顧客の資産検収

設例のあてはめ

収益認識基準における基本となる原則に従い、上記に抽出した収益認識基準の規定に留意しながら、設例の条件をあてはめてみます。

設例における「顧客との契約」は、A社との間で締結した「米の売買契約」です。

次に、「契約における履行義務」には、「買取米をA社に販売すること」が該当しますが、設例の契約では契約期間と取引数量が決められていますので、「一定の期間にわたり充足される履行義務」に該当するか否かを評価します。

設例における「財又はサービス」は「買取米」ということになりますが、「買取米」は1俵単位でA社が他社に販売することが可能（便益を享受することが可能）であり、ある買取米の販売が他の買取米の販売に影響を与えることもない（当該財又はサービスを顧客に移転する約束が、契約に含まれる他の約束と区分して識別できる）ことから、「買取米1俵」が「別個の財」に該当します。

繰り返しになりますが、A社は「買取米1俵」単位で便益を享受することができますので、J組合が買取米をA社に販売した時点で、A社は便益を享受します。つまり、上記の3要件すべてにあてはまらず、一時点で充足される履行義務に該当します。

最後に、一時点とはいつを指すかですが、資産の支配移転の指標例で検討すると、A社が購入した米を検収した時が支配の移転した時点であるといえます。

結論

設例のように、買取米の販売取引において、業者との間で売買契約を締結し販売俵数や販売価格を事前に合意し、買い取ったお米は販売できることがほぼ確実な場合であっても、上記のとおり、契約時点ではなく、原則的には買取米を取引業者が検収した時に販売高を計上します。

[仕 訳]

◆×1年12月

●販売代金受領時

預　　金　1,200,000千円 ／ 契約負債(前受金)　1,200,000千円(※1)

●検収時

契約負債(前受金)　1,200,000千円 ／ 販売品販売高　1,200,000千円(※1)

◆×2年3月

●販売代金受領時

預　　金　3,000,000千円 ／ 契約負債(前受金)　3,000,000千円(※2)

●検収時

契約負債(前受金)　3,000,000千円 ／ 販売品販売高　3,000,000千円(※2)

◆×2年6月

●販売代金受領時

預　　金　600,000千円 ／ 契約負債(前受金)　600,000千円(※3)

●検収時

契約負債(前受金)　600,000千円 ／ 販売品販売高　600,000千円(※3)

(※1) 100,000俵×12,000円／俵　(※2) 250,000俵×12,000円／俵

(※3) 50,000俵×12,000円／俵

設例 2-3　米の買取販売（在庫リスクが軽減された取引における本人と代理人の区分）

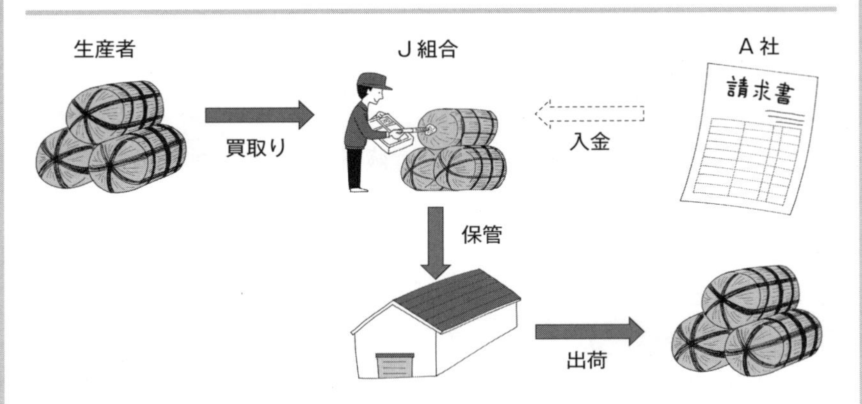

J 組合は、A 社との間で下記条件を含む米の売買契約を締結した。

取引価格：12,000 円／俵

取引数量：400,000 俵

J 組合は、×1 年 11 月に生産者から 400,000 俵の米を買い取り、米の検査を行った。検査結果に基づき、生産者に対して、4,000 百万円（10,000 円／俵×400,000 俵、買取単価は理事会決議により事前に決定済）の買取代金を支払うとともに、A 社に対して 4,800 百万円（12,000 円／俵×400,000 俵）の販売代金に関する請求書を発行し、×1 年 12 月に代金を受領した。

なお、A 社との売買契約では、一定等級以上の検査結果を得た米を販売することになっている。また、請求書を発行した「買取米」は A 社に属するものとして適切に区分管理されているほか、紙袋に A 社のものを示す押印がなされており、A 社に対していつでも出荷できる準備が整っている。J 組合が「買取米」を保管するのは A 社の求めに応じた結果であり、A 社より米の保管料を受領している（なお、保管料の会計処理は割愛する）。

ポイント

●買取りと同時に販売する取引は本人と代理人のいずれに区分されるか

業者との間であらかじめ売買契約を締結し、生産者から米を買い取るのと同時に売買契約に基づき業者に対して販売代金を請求する取引は、実質的に在庫リスクを負担していないとも考えられます。

このような取引において、J組合は本人と代理人のいずれに該当するのでしょうか。なお、本人であれば業者から受領する対価の総額で収益を計上し、代理人であれば業者から受領した対価と生産者に対して支払った買取代金の差額（純額）で収益を計上することになります。

解説

●収益認識基準での本人と代理人の区分

収益認識基準での本人と代理人の区分については、**設例1-4**で解説した判断手順で検討します。

【図表 2-5】本人か代理人かの判断手順（再掲）

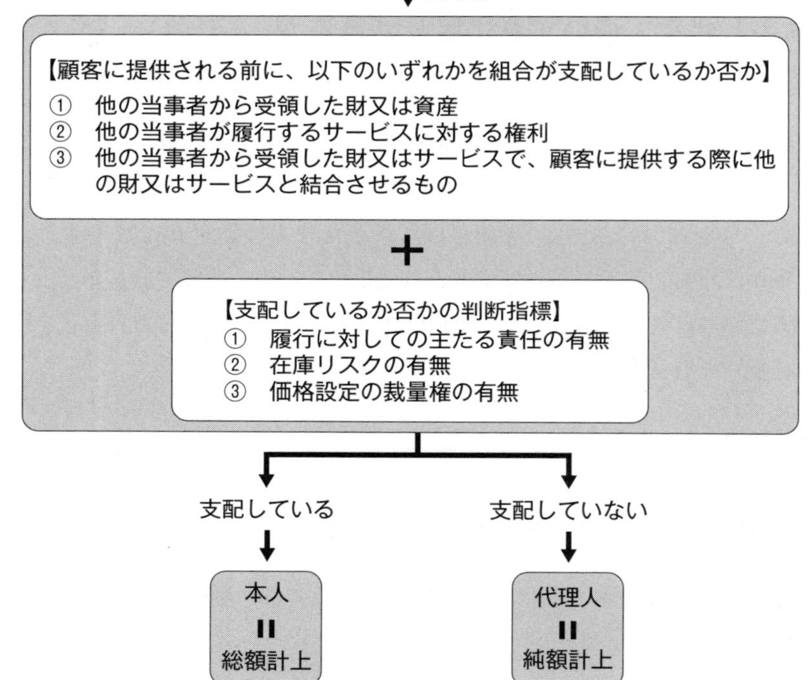

●設例のあてはめ

設例の条件を上記基準の要件にあてはめてみます。

1. 顧客に提供する財又はサービスの識別

J組合が顧客であるA社に提供する財又はサービスは、買取米であり、その買取米は生産者から提供されたものであることから、他の当事者が関与していることになります。

2.　財又はサービスの支配はそれらを顧客に提供する前に有しているか

J組合が生産者から米を買い取るのはA社との売買契約締結後であるため、顧客に提供する前にJ組合が買取米を支配していたか否かが問題となります。

そこで、【図表2-5】にある「支配しているか否かの判断指標」を検討します。

①　履行責任

J組合は、A社に対して400,000俵は提供する義務があるため、仮に生産者から買い取った米が400,000俵に満たない場合は、違約金を支払う又は他の生産者等から購入する必要があります。また、J組合は、A社に対して提供した米が一定の等級以上であることについての主たる責任を有しています。

以上から、J組合は「買取米」を提供するという約束についての履行責任を負担しているといえます。

②　在庫リスク

J組合は、生産者から米を買い取る前にA社との間で売買契約を締結していることから、「買取米」の在庫リスクは軽減されています。

③　価格決定権

価格はA社との交渉により決定しており、価格交渉において生産者は関与できません。したがって、価格決定権はJ組合にあるといえます。

以上より、在庫リスクは軽減されているものの、その他の指標を考慮すると、「買取米」がA社に提供される前にそれを支配しているといえます。

3.　本人と代理人の区分並びに会計処理

上記の**1**、**2**を踏まえると、J組合は本人に該当します。

その結果、業者から受領する対価の総額で収益を計上することになります。

結論

米の買取販売について、生産者からの米の買取りとA社への販売がほぼ同時に行われている場合でも、設例のような条件であれば、J組合は本人に該当し、対価の総額で収益を計上します。

[仕 訳]

×年11月	販売品受入高	4,000百万円	／	貯　金	4,000百万円
	販売未収金	4,800百万円	／	販売品販売高	4,800百万円
×年12月	現金預金	4,800百万円	／	販売未収金	4,800百万円

設例 2-4　直売所の野菜・果物の受託販売（本人と代理人の区分）

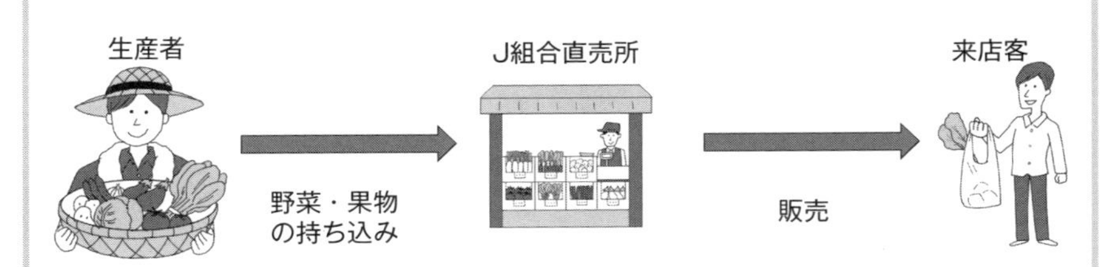

J組合は直売所を運営しており、顧客は直売所にて生産者の野菜や果物を購入することができる。J組合は生産者との契約条件に基づき、直売所にて販売された生産者の野菜や果物について、販売価格の2%に相当する手数料を受領する。出荷する野菜や果物の種類や販売価格は生産者が決める。なお、野菜や果物の品質不良などにより発生した返品代金等は、生産者が負担する。

また、直売所では、顧客のニーズを生産者に伝えて需要と供給をマッチさせる取組みや、生産者の圃場にて使用した農薬をチェックして野菜や果物の安全性を確保する取組みなどを行っている。しかし、農薬の使用量を一定水準以下に抑えることを含め、「野菜や果物」の提供に関する責任は生産者にある。

このほか、一部の野菜や果物はJ組合が買い取り、直売所内に併設された飲食店での提供や、総菜等に加工して直売所の総菜コーナー等での販売などを行っている。このような取組みにより、野菜や果物が売れ残ることはほとんどないが、万が一売れ残った場合は、生産者が引き取ることになっている。

以上のような前提条件のもと、直売所では、×1年10月に生産者の野菜と果物を5,000千円販売した。

ポイント

●直売所事業において、J組合は本人と代理人のいずれに該当するか

直売所は、基本的に顧客が生産者の野菜や果物を購入できる場を提供しているに過ぎません。

一方で、直売所では、食品の安心・安全を確保するための取組みや、売れ残りを防ぐための野菜や果物の買い取りや需要と供給のマッチングなど、生産者の「果物や野菜」の販売を促進するため複数の支援業務を提供しています。

このように、複数の支援業務を提供する直売所事業において、J組合は本人と代理人のいずれに該当するのでしょうか。

解説

●収益認識基準での本人と代理人の区分

収益認識基準での本人と代理人の区分については、**設例1-4**で解説した判断手順で検討します。

【図表2-6】本人か代理人かの判断手順（再掲）

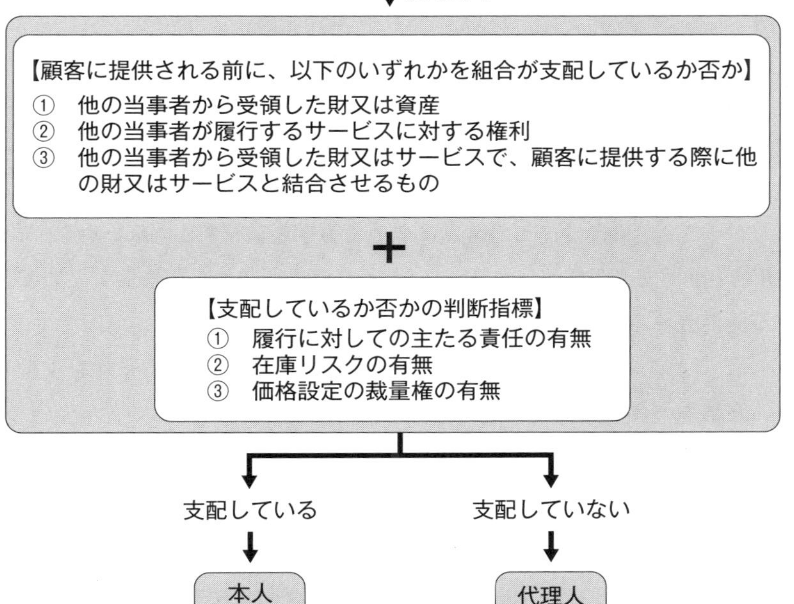

●設例のあてはめ

設例の条件を上記の基準の要件にあてはめてみます。

1. 顧客に提供する財又はサービスの識別

J組合が運営する直売所では、生産者が野菜や果物を提供し、これらを顧客が購入します。つまり、J組合が顧客に提供する財又はサービスには、生産者が提供する「野菜や果物」が該当します。

なお、直売所では、J組合により、顧客ニーズ情報の生産者への提供や農薬チェックが行われます。これらは、直売所における野菜や果物の集荷・販売の促進を図り生産者を支援する目的で行っているものですが、これらに対応する責任は生産者にあります。つまり、J組合が行っているこれらの支援業務は、顧客に提供する財又はサービスに該当しません。

2. 顧客に提供する前に財又はサービスの支配を有しているか

J組合は、生産者に対して直売所に出荷する「野菜や果物」を指定することはできず、「野菜や果物」の販売先を指定することもできません。

したがって、J組合は、どの時点においても顧客に提供される「野菜や果物」の使用を指図する能力を有していないため、直売所において顧客に「野菜や果物」が提供される前に「野菜や果物」の支配を有していません。

さらに、「野菜や果物」が顧客に提供される前に、J組合がそれを支配していないと結論づける際に、以下の指標を検討します。

① 履行責任

直売所では、顧客が生産者の「野菜や果物」を購入できる場を提供しているのみです。

また、直売所では、農薬のチェックなども行われますが、これらに対応する責任は生産者にあります。

② 在庫リスク

J組合は、「野菜や果物」を顧客に提供する前に生産者から取得しておらず、品質不良により発生した返品代金などのコストは生産者が負担します。

したがって、「野菜や果物」が顧客に提供される前、あるいは「野菜や果物」が顧客に提供された後のいずれも、J組合は在庫リスクを有していません。

③ 価格決定権

「野菜や果物」の価格は生産者が決めており、J組合は価格を決定することはできません。したがって、J組合は「野菜や果物」の価格決定権を有していません。

以上より、「野菜や果物」が顧客に提供される前に、J組合はそれを支配していないといえます。

3.　本人と代理人の区分並びに会計処理

上記の**1**、**2**を踏まえると、J組合は代理人であり、自らの履行義務は生産者によって「野菜や果物」が提供されるように手配することであるといえます。

会計処理は、手数料で収益を計上することになります。

結論

直売所事業ではさまざまな支援業務を行っていますが、J組合は代理人に該当します。

[仕訳]

×1年10月	現金預金	5,000千円	／	販売未払金	5,000千円
	販売未収金	100千円	／	販売手数料	100千円(※)

（※）5,000千円×2%

設例 2-5　米の請求済未出荷販売

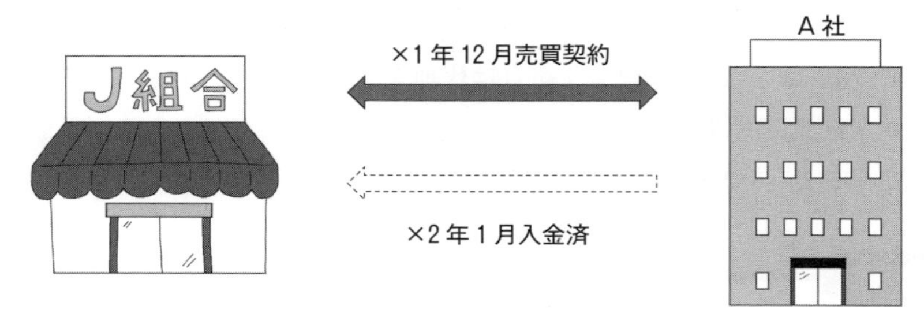

J組合は、×1 年 11 月に生産者から米 400,000 俵を 10,000 円／俵で買い取った。その後、J組合は、×1 年 12 月にA社との間で米の売買契約を締結した。当契約には、以下の内容が含まれている。なお、販売代金は期日どおりに入金された。

取引価格：12,000 円／俵

取引数量：300,000 俵

支払日　：×2 年 1 月末日

A社は、自社の倉庫に余裕がないことから、引き続きJ組合の倉庫で保管するようにJ組合に依頼した。そこで、J組合では、A社に販売する在庫 300,000 俵を残りの 100,000 俵と区分して管理し、A社の求めに応じていつでも出荷できるように準備した。また、A社の在庫を他に転用できないようにするため、紙袋にA社の在庫を示す印を押印した。このような保管サービスの提供に伴い、A社から保管料を別途徴求することとしている。

ポイント

未出荷に係る米の売上はいつ計上できるか

収益認識基準では、原則として、財又はサービスが顧客に移転した時に収益を認識します。しかしながら、顧客の求めに応じて出荷を延期して企業の倉庫で保管する場合があります。このような場合でも、財又はサービスが顧客に移転する出荷時まで、収益を計上できないのでしょうか。

解説

収益認識基準での売上計上時点

収益認識基準では、設例のように、J組合がA社に対価を請求しているものの、将来においてA社に移転するまではJ組合が商品（設例では「米」が該当）を保有する契約を「請求済未出荷契約」と呼んでいます。

収益認識基準では、原則として、財又はサービスが顧客に移転した時、すなわち顧客が商品又は製品の支配を獲得した時に収益を認識します。しかしながら、請求済未出荷契約では、以下の４つの要件（以下、「請求済未出荷在庫の４要件」という）をすべて満たす場合に、顧客が商品又は製品の支配を獲得するとされています。

① 請求済未出荷契約を締結した合理的な理由があること
② 当該商品又は製品が、顧客に属するものとして区分して識別されていること
③ 当該商品又は製品について、顧客に対して物理的に移転する準備が整っていること
④ 当該商品又は製品を使用する能力あるいは他の顧客に振り向ける能力を企業が有していないこと

●設例のあてはめ

設例の条件を、請求済未出荷在庫の4要件にあてはめてみます。

1.　合理的な理由があるか

請求済未出荷契約は、顧客であるA社の倉庫に保管する場所がないとの理由で締結されたことから、当該契約を締結した合理的な理由があるものと考えられます。

2.　区分して識別されているか

設例では、J組合の在庫100,000俵とA社の在庫300,000俵を区分して管理していることから、この要件を満たします。

3.　移転する準備が整っているか

設例では、「A社の求めに応じていつでも出荷できるように準備している」ことから、この要件を満たします。

4.　他の顧客に振り向けることができないか

設例では、「A社の在庫を他に転用できないようにするため、紙袋にA社の在庫を示す印を押印」していることから、この要件を満たします。

なお、米の販売では、米に色がついているわけではありませんので、現物を区分して保管するのみでは、他の顧客に振り向けることができないということはありません。したがって、厳密にこの要件を解釈した場合には、この要件を満たすケースは限定的になります。設例のような区分管理は一つの例であり、他にこの要件を満たす区分管理の方法があれば、要件を満たすといえます。

結 論

顧客の求めに応じて出荷を延期してＪ組合がＡ社の米を保管する場合でも、Ｊ組合がＡ社に対して販売代金を請求しており、請求済未出荷在庫の４要件を満たす場合は、Ａ社に販売代金を請求した時に収益を計上します。

[仕 訳]

×1年12月	販売未収金	3,600百万円	／	販売品販売高	3,600百万円
×2年１月	現金預金	3,600百万円	／	販売未収金	3,600百万円

（注）収益認識に関連する仕訳のみ記載しています。そのため、米の買取り及び保管料に関する仕訳は省略しています。

従来の未出荷売上はどう扱っていた？

収益認識基準では、上記のような要件を検討して支配が顧客に移転する時点を判断することになっていますが、従来の収益認識に係る実務では、企業会計原則の規定で、商品等の販売又は役務の給付によって実現したものに限るとの実現主義の基準のみであったため、いつ実現したかを判断する必要があり、その判断基準はまちまちであったと思います。

そのような中でも、会計慣行として、すでに契約で顧客に移転しているのであれば、自己所有のものとの区分管理を行うことは必要とされてきましたので、収益認識基準が適用されたとしても、未出荷売上に関する会計処理が大きく変更されたということではないと考えられます。

第3節

利用事業

設例 3-1　ライスセンター利用料

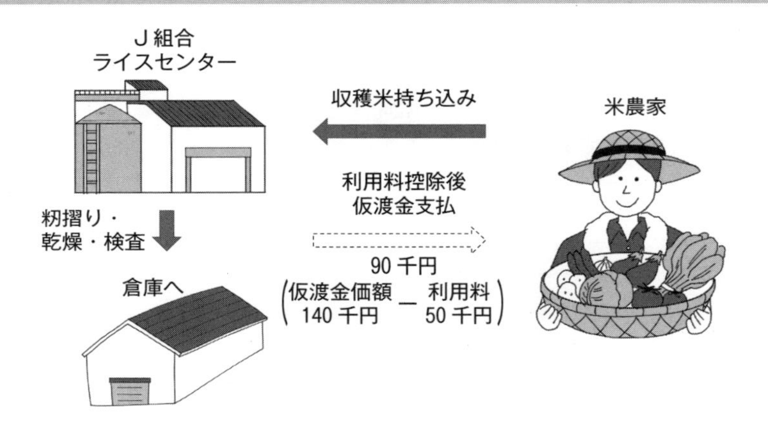

J組合は、組合管内に5か所のライスセンターを有しており、組合員である米農家が、籾摺り、乾燥及び精米等に利用できるようにしている。また、J組合では、米の受託販売を行っており、当年度の収穫前予約時の仮払金を5,000円、概算仮渡金価格を1俵当たり14,000円としている。

組合員である米農家は、収穫を終えた米をライスセンターに持ち込んで、籾摺り、乾燥後J組合に委託販売してもらうことになる。ライスセンターでの仮検査の結果、数量は10俵であった。籾摺り及び乾燥を行う作業に対する利用料は、1俵当たり5千円と定められている。

ポイント

ライスセンター利用料の計上時期はいつか

ライスセンターでは、米農家から持ち込まれた籾の検査、籾摺り及び乾燥業務を行います。一方、米農家への支払は、収穫前予約時、仮検査終了時、共同計算精算時などさまざまです。

では、籾摺り、乾燥の利用料はいつの時点で収益計上されるのでしょうか。

解説

履行義務の充足による収益の認識

履行義務の充足によってどのように収益を計上するかは、**設例 1-10** の解説に示した以下の手順によって行われます。

【図表 2-7】履行義務の充足による収益の認識手順（再掲）

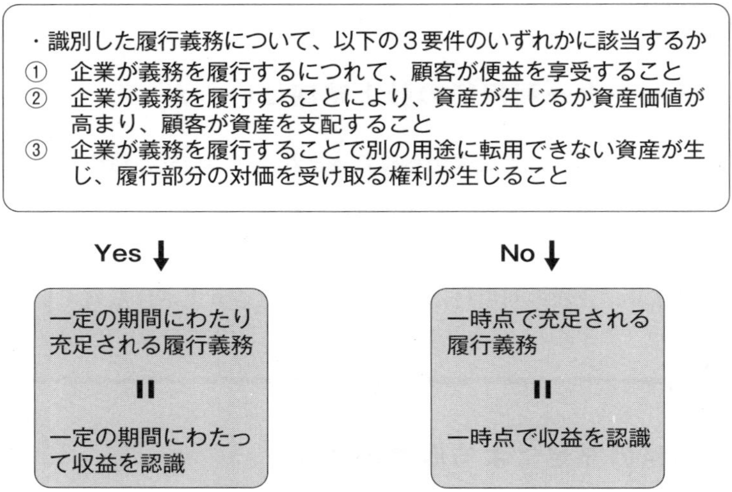

・識別した履行義務について、以下の３要件のいずれかに該当するか
① 企業が義務を履行するにつれて、顧客が便益を享受すること
② 企業が義務を履行することにより、資産が生じるか資産価値が高まり、顧客が資産を支配すること
③ 企業が義務を履行することで別の用途に転用できない資産が生じ、履行部分の対価を受け取る権利が生じること

Yes ↓	No ↓
一定の期間にわたり充足される履行義務 II 一定の期間にわたって収益を認識	一時点で充足される履行義務 II 一時点で収益を認識

●設例のあてはめ

設例の条件を上記基準の要件にあてはめてみます。

ライスセンターにおけるＪ組合の履行義務としては、米の籾摺りと乾燥作業になります。乾燥作業に関しては、数日程度要するものの作業が継続的に行われるわけではありません。

したがって、一定の期間にわたり充足される履行義務とされる３要件には該当せず、一時点で充足される履行義務として取り扱われます。支配の移転に係る指標例にあてはめてみると、籾摺りと乾燥作業が完了したことで、Ｊ組合が米農家に提供したサービスに関する対価を収受する現在の権利を有したことになると判断できます。

結 論

利用料の収益計上時期は、米農家がライスセンターに収穫米を持ち込んだ時でも、仮払金や仮渡金を支払った時点でもなく、履行義務としての籾摺りと乾燥作業が完了した時点で計上されることになります。

[仕 訳]

◆仮払金支払時

借方	金額		貸方	金額
経済受託債権	50千円	／	貯　　金	50千円

◆収穫米持ち込み仮検査時

借方	金額		貸方	金額
経済受託債権	90千円	／	貯　　金	40千円
			契約負債	50千円

◆籾摺り・乾燥終了時

借方	金額		貸方	金額
契約負債	50千円	／	ライスセンター手数料	50千円

設例 3-2　米保管料

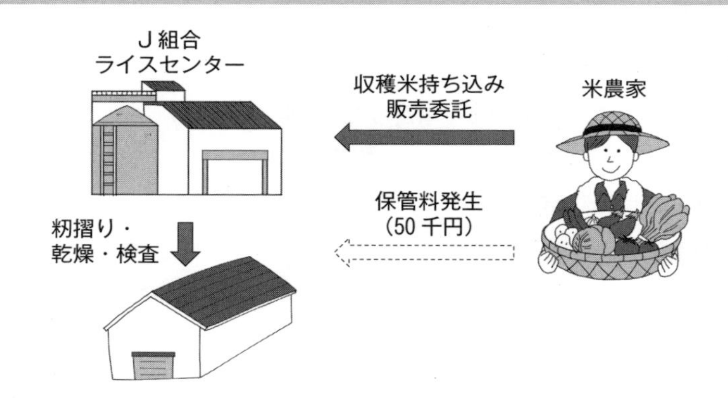

Ｊ組合は、米の受託販売を行っており、販売が終了するまで自社の倉庫で委託を受けた米を預かり、保管管理を行っている。

Ｊ組合では、自社倉庫で預かっている米に対して、委託者である米農家から期間に応じで保管料を収受している。また、保管料の入金処理は、委託販売最終精算時に、保管料等金額を控除した精算金額を米農家の口座に振り込む形で行っている。

昨年９月に収穫した米については、当年度３月末までに販売されておらず、保管料を計算したところ 50 千円であった。

ポイント

●米の保管料の計上時期はいつか

委託販売として持ち込まれた米は、ライスセンター等で検査、籾摺り及び乾燥を行い、袋詰め等をされて、組合の倉庫で販売されるまで保管されます。委託販売であることから、米の所有権は米農家に残っており、組合の倉庫に保管しておく場合の保管料は米農家が組合に対して支払うことになります。

では、米の保管料に関しては、いつの時点で収益計上されるのでしょうか。

解説

●履行義務の充足による収益の認識

設例 3-1 と同様に、履行義務の充足時点をどのように捉えるかによって収益計上方法が異なります。

履行義務を充足した時、又は、履行義務を充足するにつれて収益を認識するかは、以下の流れに沿って判断します。

【図表 2-8】履行義務の充足による収益の認識手順（再掲）

・識別した履行義務について、以下の３要件のいずれかに該当するか
① 企業が義務を履行するにつれて、顧客が便益を享受すること
② 企業が義務を履行することにより、資産が生じるか資産価値が高まり、顧客が資産を支配すること
③ 企業が義務を履行することで別の用途に転用できない資産が生じ、履行部分の対価を受け取る権利が生じること

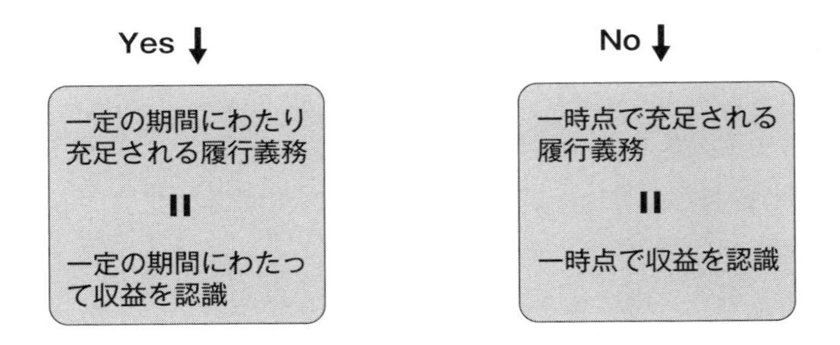

次に、上記の要件に該当し、一定の期間にわたり充足される履行義務と判断された場合には、その履行義務の充足に係る進捗度を見積もって一定期間にわたり収益を認識する必要があります。この進捗度の見積りは、履行義務ごとに単一の方法で行う必要があり、類似の履行義務や状況ごとに首尾一貫した見積方法を適用することが求められています。

進捗度の見積方法には、財又はサービスの性質を考慮した、下記のアウトプット法とインプット法があります。また、進捗度の合理的な測定ができない場合の原価回収基準も定められています。

方法	アウトプット法	インプット法
定義	現在までに移転した財又はサービスと契約において約束した残りの財又はサービスとの比率に基づき、収益を認識する。	履行義務の充足に使用されたインプットが契約における取引開始日から履行義務を完全に充足するまでに予想されるインプット合計に占める割合に基づき、収益を認識する。
指標	○現在までに履行を完了した部分の調査 ○達成した成果の評価 ○達成したマイルストーン ○経過期間 ○生産単位数 ○引渡単位数　等	○消費した資源 ○発生した労働時間 ○発生したコスト ○経過期間 ○機械使用時間　等

●設例のあてはめ

設例の条件を上記基準の要件にあてはめてみます。

J組合の履行義務としては、預かった米をJ組合の倉庫で保管することになります。

まず、この識別した履行義務が上記3要件に該当するかですが、倉庫での米の保管義務を履行することで、預かり先である米農家が便益を受けることになるため、「企業が義務を履行するにつれて、顧客が便益を享受すること」に該当すると判断できます。そのため、一定の期間にわたり充足される履行義務として、一定の期間にわたって収益を計上することになります。

次に、一定の期間にわたりどのような進捗度を用いて収益を計上するかですが、米農家との契約としては、預かっている米の量と期間に応じて保管サービスを提供することになっているので、アウトプット法による測定が適正であると判断できます。この保管サービスは、契約期間にわたって米の量と比例して提供されるため、進捗度は経過期間により測定されます。

結論

保管料の収益計上時期は、米農家がライスセンターに収穫米を持ち込んで、J組合の倉庫に保管された時点から計上されます。また、計上金額としては、米が販売され倉庫から出庫されるまで、米の量及び期間に応じて計算され、収益計上されることになります。

[仕 訳]

J組合が３月末決算であることを前提とします。

倉庫に預けた時点から経過期間により収益が計上されるため、決算月において保管料を未収金計上します。

３月末　経済未収金　50千円　／　保管料　50千円

設例 3-3　育苗収益

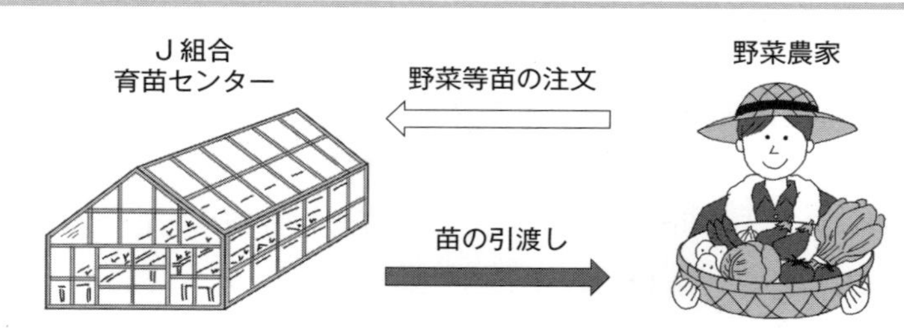

Ｊ組合は、育苗センターを保有し、組合員である農家に野菜の苗を供給している。

Ｊ組合では、翌年度用の野菜の苗を育成するために、組合員である農家に注文書（単価 300 円）を配付し、必要数量 1,000 本を記載してもらい回収した。

育苗センターでは、注文書の数量に基づき歩留まりも考慮して、1,200 本の苗を育成することとした。その後、順調に生育したことで、1,100 本の野菜苗ができるようになり、農家に注文どおり 1,000 本の苗を引き渡すことができた。

ポイント

●野菜苗の収益計上時期はいつか

野菜等の苗は、基本的には、組合員である農家からの注文を受けてからはじめて育成することになります。また、育成にあたっては、すべて計画どおりに育成できることは稀で、多かれ少なかれ歩留まりが発生し、育苗センターとしては注文数よりも多くの苗を育成することになります。

このような状況においては、苗に係る収益は、いつの時点で収益計上されるのでしょうか。

解説

●履行義務の充足による収益の認識

履行義務の充足によってどのように収益を計上するかは、**設例 3-1** と同様に、**設例 1-10** の解説に示した「履行義務の充足による収益の認識手順」によって行われます。

●設例のあてはめ

設例の条件を上記基準の要件にあてはめてみます。

育苗センターにおけるＪ組合の履行義務としては、野菜の苗を育成して、農家に供給することになります。育苗業務の場合、農家から注文を受け、その注文に従った数の苗を育成することから、育成している間に収益を計上できるかどうかが焦点となります。

収益認識会計基準の「一定の期間にわたり充足される履行義務」の条件にあてはめてみます。

まず、「企業が義務を履行するにつれて、顧客が便益を享受すること」については、苗を育成していたとしても顧客である農家にとっては、まだ便益を享受しているとはいえません。

次に、「企業が義務を履行することにより、資産が生じるか資産価値が高まり、顧客が資産を支配すること」についても、育成中の苗はまだ農家の支配が及んでいるとはいえません。

さらに、「企業が義務を履行することで別の用途に転用できない資産が生じ、履行部分の対価を受け取る権利が生じること」についても、顧客である農家以外に転用できますし、対価を受け取る権利も発生していません。

上記のように、一定の期間にわたり充足される履行義務とされる３要件には該当せず、一時点で充足される履行義務として取り扱われます。

結 論

本設例では、苗の収益計上時期は、育成中は収益認識できず、育成後、苗を組合員である農家に引き渡した時に計上することになります。

[仕 訳]

◆苗の育成中：仕訳なし

◆苗引渡し時

経済未収金	300 千円	／	利用事業収益 （苗供給高）	300 千円

第4節

その他の経済事業

設例 4-1　直売所の消化仕入

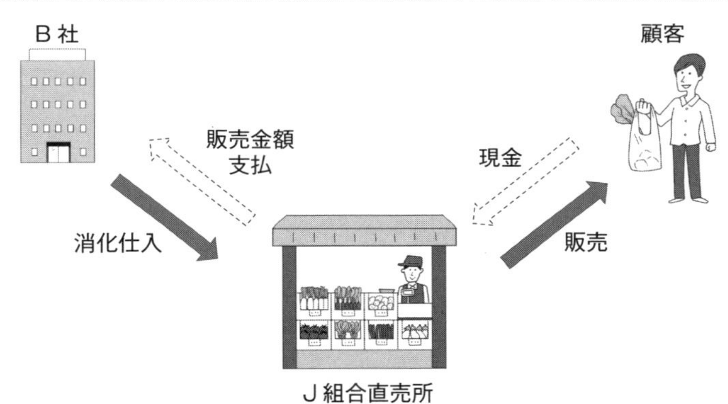

J組合は、直売所の運営を行っており、野菜等の受託販売、商品の買取販売及び消化仕入販売を行っている。

J組合は、仕入先B社と加工肉の仕入契約を取り交わしている。この契約では、商品の所有権は仕入先にあり、保管管理責任及び商品に関するリスクも仕入先が負っている。J組合では、商品の販売代金を顧客から受け取り、販売代金にあらかじめ定められた料率を乗じた金額を仕入先に支払うのみである。

J組合の直売所で、仕入先B社の消化仕入商品の加工肉が今月200千円顧客に販売された。J組合では、契約で定められた料率である販売代金の85%を仕入先に翌月支払うことになった。

ポイント

●J組合の消化仕入に係る売上金額はいくらになるか

直売所での販売については、顧客に販売した時に売上計上することになりますが、その販売した商品が買取商品か消化仕入商品かによって、売上計上金額が異なります。消化仕入の場合には、いくらを売上金額とすればいいのでしょうか。

解 説

●消化仕入取引

消化仕入取引とは、「売上仕入」とも呼ばれているように、小売業者の店舗に商品を置いていても所有権が仕入業者のままであり、小売業者が顧客に売り上げたと同時に売上に対する仕入が計上される取引形態をいいます。

収益認識基準では、消化仕入のように、商品の提供にあたって仕入業者B社のような他の当事者が関与する場合には、商品の販売をJ組合が自ら（本人）提供する履行義務か他の当事者の代理（代理人）としての履行義務かによって、収益として認識する金額が異なると規定されています。

直売所での商品の販売という履行義務が、J組合が本人と判断された場合には、商品の販売価額総額を収益として認識し、J組合がB社の代理人として判断された場合には、代理人として提供した手配等に係る手数料（ないしは販売価額からB社に支払う額を控除した純額）の金額を収益として認識します。

本人に該当するか代理人に該当するかは、**設例1-4**の解説で示した以下の手順に従って判断されます。

【図表 2-9】本人か代理人かの判断手順（再掲）

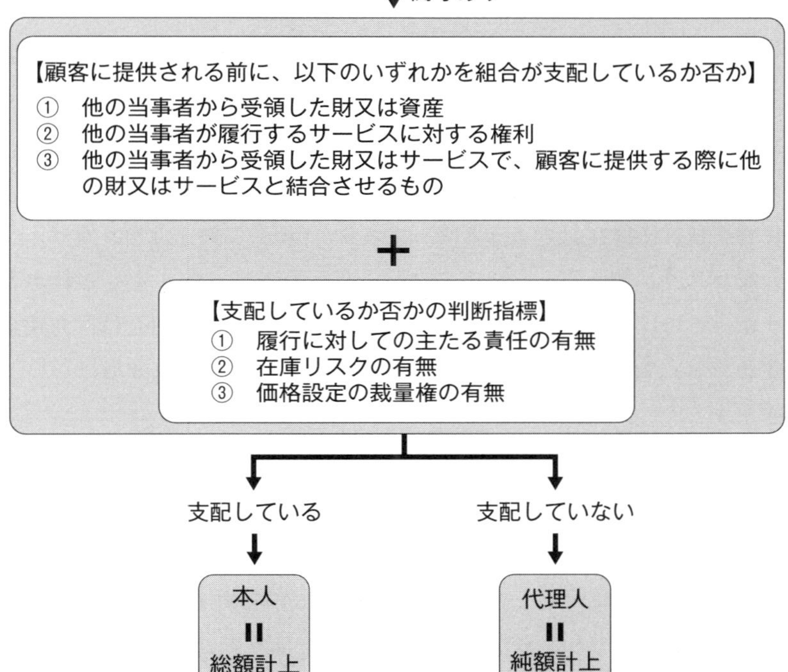

●設例のあてはめ

設例の条件を上記基準の要件にあてはめてみます。

1. 顧客に提供する財又はサービスを識別

J組合の直売所での加工肉の販売取引ですが、B社との仕入契約の内容からJ組合が加工肉を支配しておらず、他の当事者（B社）が提供する財である可能性があることから、この取引について、J組合が本人に該当するか代理人に該当するかを判断する必要があります。

2. 企業が支配しているか否か

顧客へ提供される前の加工肉（他の当事者から受領した財）について、J組合自らが支配していたか否かが問題となります。

J組合の直売所に陳列されてはいるものの、加工肉の検収を行っておらず、B社への対価の支払もないことから、所有権は移転しておらず、J組合は加工肉に対する使用を指図する能力は有していないといえます。

また、この判断にあたって、上記の判断指標を考慮すると、まず、顧客への販売にあたってJ組合が主たる責任を有するかについては、陳列している加工肉の保管管理責任はB社のままとなっており、J組合に責任はありません。次に、在庫リスクに関しても、契約内容から商品の盗難リスク等もB社が負っています。さらに、加工肉の価格等の裁量権についても、J組合は販売代金に一定率を乗じた金額をB社に支払うのみであることから、裁量権はないと判断できます。

結 論

上記の検討結果から、直売所における加工肉の販売に関しては、顧客に提供される前に加工肉の支配をJ組合が有していたとは判断できず、J組合の履行義務は加工肉が提供されるように手配することであり、この取引は代理人取引となります。

[仕 訳]

◆直売所で加工肉が消化仕入取引として販売された場合

借方	金額	貸方	金額
現金預金	200千円	経済未払金	170千円
		販売（直売所）手数料	30千円

設例 4-2　有償支給を伴う加工事業

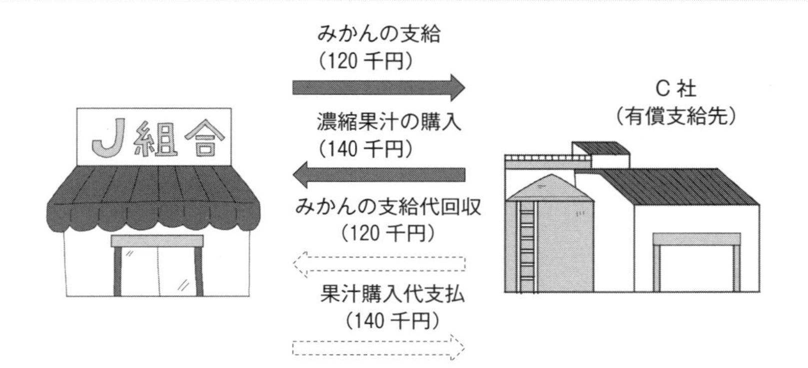

Ｊ組合は、特産のみかんを使用して、濃縮還元のジュースに加工してＪ組合ブランドで販売している。ただし、濃縮還元を行う機械を所有していないため、みかんを外部業者Ｃ社に支給して濃縮作業を行ってもらい、その濃縮果汁のビン詰め作業をＪ組合で行っている。

Ｊ組合では、農家から市場価格（100 千円）で買い取ったみかんをＣ社に支給するときには、市場価格に一定割合の利益を上乗せした支給価格（120 千円）で販売し、Ｃ社の濃縮作業後に支給価格に加工賃を加算した金額（120 千円＋加工賃 20 円）で、濃縮果汁を購入している。

なお、Ｊ組合は、濃縮還元ジュースをブランド販売していることから、支給したみかんの濃縮果汁を全量購入することをＣ社と約束している。

ポイント

●有償支給取引が買戻契約にあたるか否か

J組合は、C社に利益を上乗せしてみかんを支給していますが、C社の加工後濃縮果汁を支給価格に加工賃を加算して買い戻しており、有償支給取引となっています。このような買戻しが予定されている取引に関してはどのような会計処理となるでしょうか。

解説

●収益認識基準の買戻契約の処理

収益認識基準では、有償支給のように企業が資産を買い戻す義務又は権利がある取引については、①企業が商品又は製品を買い戻す義務あるいは権利があるか、②顧客の要求により商品又は製品を買い戻す義務があるか、に分けて、さらに、①②のそれぞれで支給価格と買戻価格との大小によって、会計処理を定めています。

上記①の企業が商品又は製品を買い戻す義務あるいは権利がある場合の会計処理は、以下のように規定されています。

買戻価格	<	支給価格（販売価格）	⇒	リース取引
買戻価格	≧	支給価格（販売価格）	⇒	金融取引

●有償支給取引の取扱い

有償支給取引に関しては、わが国にはさまざまな実務があり、一概に金融取引と判断できない場合もあることを考慮して、収益認識適用指針に有償支給取引の取扱いが定められています。支給品の買戻し義務の有無によって、企業の支給品の消滅処理を行うか否かが、以下のように決まっています。

支給品買戻し義務	支給品の消滅処理	支給品の譲渡収益処理
有	無	計上しない
無	有	

支給品の譲渡収益の計上処理については、支給時点で計上することで、最終製品の販売時に計上される収益と二重に計上されてしまうため、支給品の買戻し義務の有無にかかわらず、計上することはできません。

なお、支給品の買戻し義務がある場合には、支給品の消滅は行わないことが原則ですが、支給品が外注先で在庫管理されることを考慮して、個別財務諸表においては、代替的な取扱いとして支給品の譲渡時に当該支給品の消滅を認識できるとされています。

●設例のあてはめ

設例の条件を上記基準の要件にあてはめてみます。

1.　買戻義務の有無

J組合は、組合ブランドで販売を予定しており、支給品のみかんで加工された濃縮果汁を全量買い取る約束をしていることから、買戻義務を負っていると判断できます。そのため、外注先であるC社は使用の指図又は便益のほとんどすべてを享受する能力はないと判断でき、支給品に対する支配を獲得していないといえます。

J組合が支給品の買戻義務を負っており、買戻価格のほうが支給価格よりも高い場合の会計処理は、原則として、J組合では支給品の消滅は認識されないことになります。

2.　代替的な取扱いによる処理

有償支給取引の規定にあてはめてみると、取引例では、支給品の買戻し義務はあることから、支給品の消滅処理は行わないことになりますが、J組合の個別財務諸表上では、代替的な取扱いにより消滅処理を行うことができるということになります。

結 論

有償支給取引に関して、収益認識基準では、企業が資産を買い戻す義務又は権利がある取引として処理する場合には、J組合の支給品の消滅処理は行わない処理になります。ただし、代替的な取扱いにおいては、個別財務諸表において支給品の消滅処理が可能となります。

[仕 訳]

◆原則的な処理

●みかん支給時：

借方	金額	貸方	金額
経済未収金	120千円	有償支給取引による負債	120千円

●果汁買取時：

借方	金額	貸方	金額
棚卸資産	20千円	経済未払金	140千円
有償支給取引による負債	120千円		

●みかん支給債権の回収：

借方	金額	貸方	金額
現金預金	120千円	経済未収金	120千円

●果汁債務支払：

借方	金額	貸方	金額
経済未払金	140千円	現金預金	140千円

◆個別財務諸表における代替的な処理

●みかん支給時：

借方	金額	貸方	金額
経済未収金	120千円	棚卸資産	100千円
		有償支給取引による負債	20千円

●果汁買取時：

借方	金額	貸方	金額
棚卸資産	120千円	経済未払金	140千円
有償支給取引による負債	20千円		

●みかん支給債権の回収：

現金預金	120 千円	／	経済未収金	120 千円

●果汁債務支払：

経済未払金	140 千円	／	現金預金	140 千円

有償支給の売上は計上できない？

材料等の有償支給取引は、無償支給とした場合の、不良発生、在庫管理及び横流しリスク等のデメリットを解消するために行われています。また、わが国の有償支給取引は、さまざまな形態があり、一義的に会計処理を決められないのが現状です。

これらのことを考慮して、収益認識基準では、有償支給取引の支給の取扱いや個別財務諸表での代替的な取扱いが設けられたと考えられます。

有償支給に係る売上については、従来の会計処理においても、棚卸資産の消滅は行っても、最終製品の販売でないことから収益は認識していません。収益認識基準においても、支給品を買い戻す義務を負っていない場合でも、支給品の譲渡に係る収益と最終製品の販売に係る収益が二重に計上されることを避けるため、支給品の譲渡に係る収益は認識しないことが適切と記載されています。

有償支給の形態については、一つの企業の中においても製品ないしは取引先ごとにさまざまであり、安易に有償支給取引の処理として一つに限定するのではなく、取引実態を把握したうえで、財務諸表を適正に表わす会計処理を行う必要があると思います。

設例 4-3　商品券の販売

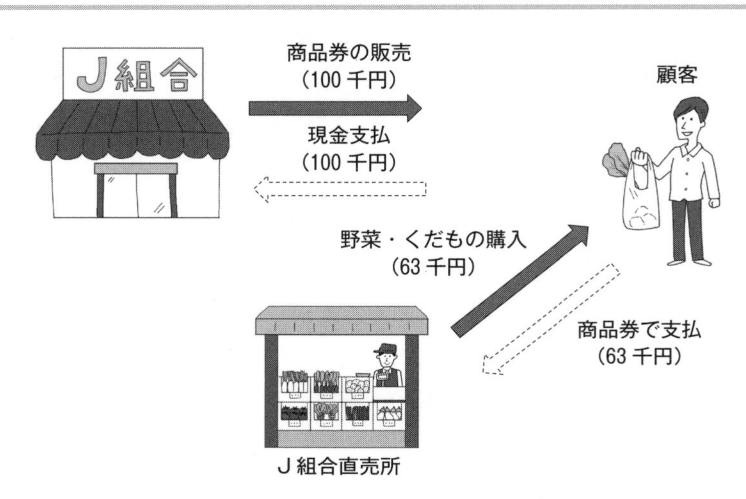

J組合は、直売所の運営を行うとともに、直売所で使用できる商品券の発行も行っている。

J組合では、昨年度、顧客に商品券を 100 千円販売している。商品券は過去から継続して販売してきており、その経験から商品券の発行価額の 10% は使用されないと見込んでいる。

当年度において、J組合の直売所で買取野菜・果物 63 千円が商品券と引き換えに販売された。

ポイント

●行使されない商品券の処理はどうなるのか

商品券を発行した時には、顧客から現金等の支払を受けますが、直売所の商品等を販売したわけではありませんので、その時点では収益は計上されず、前払を受けた状態です。収益は、商品券を使用して実際に商品等が引き渡し販売された時に計上されます。

では、前払を受けているにもかかわらず、使用されない商品券がある場合にはどのように収益が計上されるのでしょうか。

解説

●顧客により行使されない権利の収益計上

商品券のように、顧客から返金が不要な前払がなされた場合、顧客に将来的に財又はサービスを受ける権利が付与されますが、その権利のすべてを行使しないことがあります。この顧客により行使されない権利を、収益認識適用指針53項では「非行使部分」と規定しています。

この非行使部分の処理は、非行使部分について企業が将来において権利を得ると見込む場合と見込まない場合に区分して以下のように規定されています。

【図表 2-10】権利非行使部分の処理

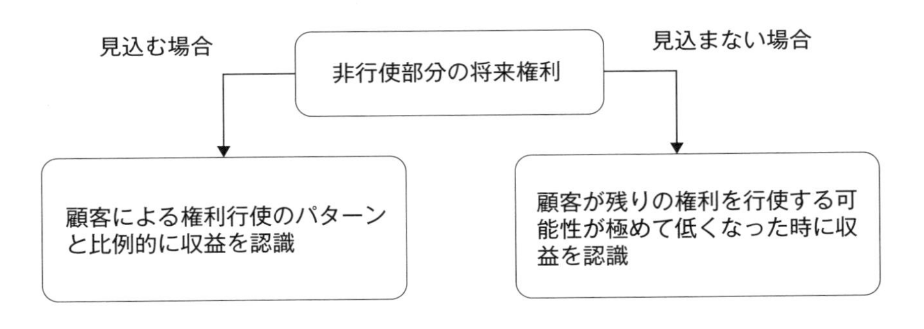

顧客による権利行使のパターンと比例的に収益を認識する場合の会計処理は、権利行使がなされた時に、権利行使しないと見込まれる部分の金額を見積もり、権利行使部分と同時にその比例部分を収益として計上することになります。そのため、見積りが重要な要素となります。

一方、顧客が残りの権利を行使する可能性が極めて低くなった時に収益を認識する場合は、例えば、使用期限がある場合のように、一時点で使用できなくなった時に収益を計上することになります。

●設例のあてはめ

設例の条件を上記基準の要件にあてはめてみます。

J組合が商品券の将来未使用部分を見込むことができるかどうかですが、取引例では、J組合は過去から商品券の販売を行っており、過去からのデータにより商品券の未使用部分の割合を把握することができると判断できます。

結論

このことから、J組合の会計処理は、収益認識適用指針での顧客による権利行使のパターンと比例的に収益を認識する処理を採用することになります。

[仕 訳]

◆J組合が、非行使部分（100千円×10%＝10千円）について、将来において権利を得ると見込む場合

	借方		貸方	
昨年度	現　金	100千円	契約負債(商品券)	100千円
当年度	契約負債(商品券)	70千円	直売所売上高	63千円
			直売所事業その他収益	7千円(※)

（※）非行使部分収益：10千円×(63千円÷(100千円－10千円))
＝7千円

設例 4-4　自社ポイントを付ける販売

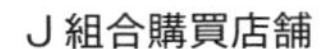

J組合は、組合員が購買店舗、SS等を利用するつど、その金額に応じてポイントを付与している。付与割合は、利用金額100円（税抜）に対し5ポイントであり、当該ポイントは、以後の利用において、1ポイントにつき1円の商品購入に使用することが可能である。なお、実際に商品購入に使用されるポイントは、付与したポイントに対し80％と見込まれている。

① J組合は、組合員が購買店舗で購入した商品10,000円（税抜）に対し、500ポイントを組合員に付与した。組合員は11,000円を現金で支払った。

② 組合員が購買店舗で300円（税抜）の商品を購入し、消費税等10％相当額を含めた代金330円を、ポイントを使用して支払った。

ポイント

●ポイントを付与する場合、商品の売上高はいくらになるか

組合員に引き渡した商品の販売価格は10,000円（税抜）ですが、併せてポイントも付与しています。ポイントは将来の値引きに使用される可能性のあるものであり、その場合、将来の売上高（商品等の引渡し）に充当されるので、商品の売上高はいくら計上すればいいのでしょうか。

解 説

●収益認識基準での売上計上

従来の会計実務においては、付与したポイントの未使用分のうち将来に使用されると見込まれる部分について、ポイント引当金を計上していました。

収益認識基準では、付与したポイントは「そのポイントと引き換えに商品を引き渡す義務」と捉えます。つまり、付与したポイント自体を別個の履行義務と考え、ポイントを付与した時点でその履行義務を認識します。

よって、受け取った対価を商品自体の売上と、付与したポイント(契約負債)に配分することになります。

●設例のあてはめ

受け取った対価の商品とポイントへの配分は以下のとおりです。

	金　額	配分割合	配分額
商　　品	10,000円	96.15%(※2)	9,615円
ポイント	400円(※1)	3.85%	385円
合　計	10,400円	100%	10,000円

（※1）付与したポイント500円×将来使用見込み率80%
履行義務としてのポイントは、将来使用される見込みがある分のみを認識します。言い換えると、将来使用される見込みのない分まで認識することはしません。
（※2）10,000円÷（10,000円＋400円）×100＝96.15%

結論

商品販売等のつどその利用金額に応じて付与されるポイントは将来の履行義務と捉え、「契約負債」として認識計上することになります。また、その金額は、将来の義務履行の見込みに基づいて配分されることになります。

[仕　訳]

◆ポイント付与時

借方	金額	貸方	金額
現　　金	11,000円	購買品供給高	9,615円
		契約負債	385円
		仮受消費税等	1,000円

◆ポイント使用時

借方	金額	貸方	金額
契約負債	318円(※)	購買品供給高	288円
		仮受消費税等	30円

（※）385円×（330÷400）＝318円

（注）実務的には、期中では通常販売価格で購買品供給高を計上し、期末決算仕訳で購買品供給高と契約負債を整理する処理も想定されます。

すべてのポイントが対象にはならない！？

収益認識基準では、財・サービスの販売時に付与され、かつ、1ポイントから使用できるようなポイントを想定して、上記取扱いを定めています。

よって、財・サービスの販売とは関係なく来店のつど付与するようなポイントや、「10ポイント貯ったら1,000円分の商品券として使用できます」というような一定の条件が付いている場合は、上記の会計処理の対象外となり、従来どおり引当金計上の対象となることが考えられます。

よって、複数の種類のポイントを付与している場合は、それぞれ別に管理する仕組みを構築し、そのうえで適切な将来使用見込み率を設定する必要があることに留意してください。

設例 4-5　ヘルパー事業の売上

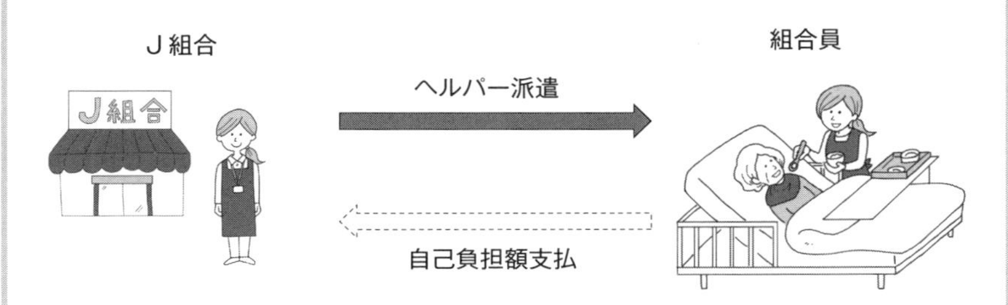

J組合は、組合員に対し介護事業を行っており、デイサービス事業と訪問介護事業（ホームヘルパーの派遣）を展開している。なお、決算期は３月末である。

ある組合員と訪問介護の契約を締結した。契約内容は以下のとおりである。

- １か月当たり自己負担額 4,800 円
  （このほか、介護保険負担 43,200 円）
- 週３回　各１時間の身体介護
- 毎月 15 日締め　翌月５日払い

３月 16 日～31 日において、５回訪問介護を行った。
なお、4 月１日～15 日の間にさらに７回訪問介護を実施予定である。

ポイント

一定の期間にわたり充足される履行義務

契約では、週３回ずつ１か月間にわたり訪問介護を行うこととされており、決算期である３月末の時点では、３月 16 日～4 月 15 日の期間の契約の義務

履行は完了していません。この期間に係る訪問介護の収益の計上は可能でしょうか。

解 説

●収益認識基準での売上計上時点

収益認識基準では、一定の期間にわたり充足される履行義務について、履行義務を充足するにつれて、取引価格のうち、当該履行義務に配分した額について収益を認識します。

履行義務が一定の期間にわたり充足されるものとは、以下の要件のいずれかを満たすものとされています。

① 企業が顧客との契約における義務を履行するにつれて、顧客が便益を享受すること
② 企業が顧客との契約における義務を履行することにより、資産が生じる又は資産の価値が増加し、当該資産が生じる又は当該資産の価値が増加するにつれて、顧客が当該資産を支配すること
③ 次の要件のいずれも満たすこと
　イ 企業が顧客との契約における義務を履行することにより、別の用途に転用することができない資産が生じること
　ロ 企業が顧客との契約における義務の履行を完了した部分について、対価を収受する強制力のある権利を有していること

●設例のあてはめ

設例の条件を上記基準の要件にあてはめてみると、少なくとも「①企業が顧客との契約における義務を履行するにつれて、顧客が便益を享受すること」に該当するものと考えられます。

ヘルパーの派遣・訪問介護により、顧客である組合員はそのつど便益を享受しているといえます。つまり、4 月 15 日の契約期間の満了を待たなくとも、1 か月間の介護サービス契約の便益の一部をすでに受けていると考えられるのです。

また、収益を認識すべき、履行義務を充足するにつれて取引価格のうち当該履行義務に配分した額については、3 月 16 日～4 月 15 日に介護サービスを提供すべき全 12 回のうち、5 回は訪問介護を実施し履行義務を充足しているため、5 回分に相当する金額を収益として認識すべきです。

結論

3 月末において、3 月 16 日～4 月 15 日の期間に係る訪問介護の収益は、予定されている全 12 回の訪問介護のうち義務を履行した 5 回分の収益を計上することになります。

- 義務履行の進捗度：5 回 ÷ 12 回 × 100% = 41.67%
- 収益計上額

  自己負担による部分：4,800 円 × 41.67% = 2,000 円

  介護保険による部分：43,200 円 × 41.67% = 18,000 円

[仕 訳]

×年 3 月末　介護事業未収金　20,000 円　／　介護事業収益　20,000 円

設例 4-6　葬祭センターの売上

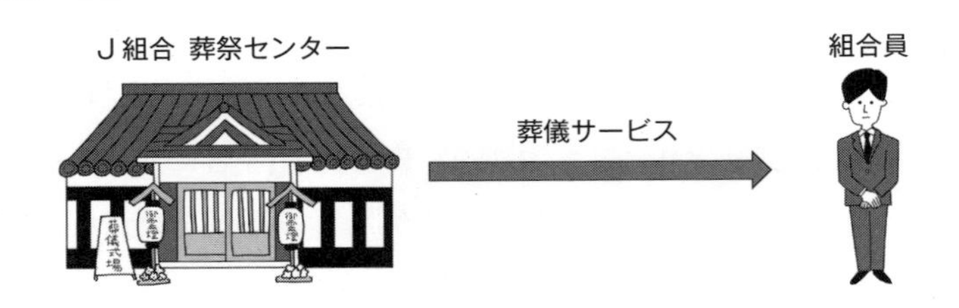

Ｊ組合は、葬祭センターを所有しており、組合員に対し葬儀サービスを提供している。

当月、組合員から通夜・告別式の一式について依頼があり、2,000千円で受注した。Ｊ組合は、僧侶の依頼、花やその他品目の準備、食事の提供、当日の司会等、すべてを自らが行うものとする。

ポイント

●葬儀サービスに係る収益はいつ計上できるか

葬儀は、通常、通夜と告別式を通して行われることが多く、複数日を必要としますが、献花・食事提供等の葬儀サービスはそのそれぞれについて提供されるものです。収益はどのようなタイミングで計上すべきなのでしょうか。

解 説

●収益認識に関する履行義務の識別

収益認識基準では、履行義務が複数あるような場合には、**設例 1-10** で示した以下の履行義務の識別手順に従って判断します。

【図表 2-11】履行義務の識別手順（再掲）

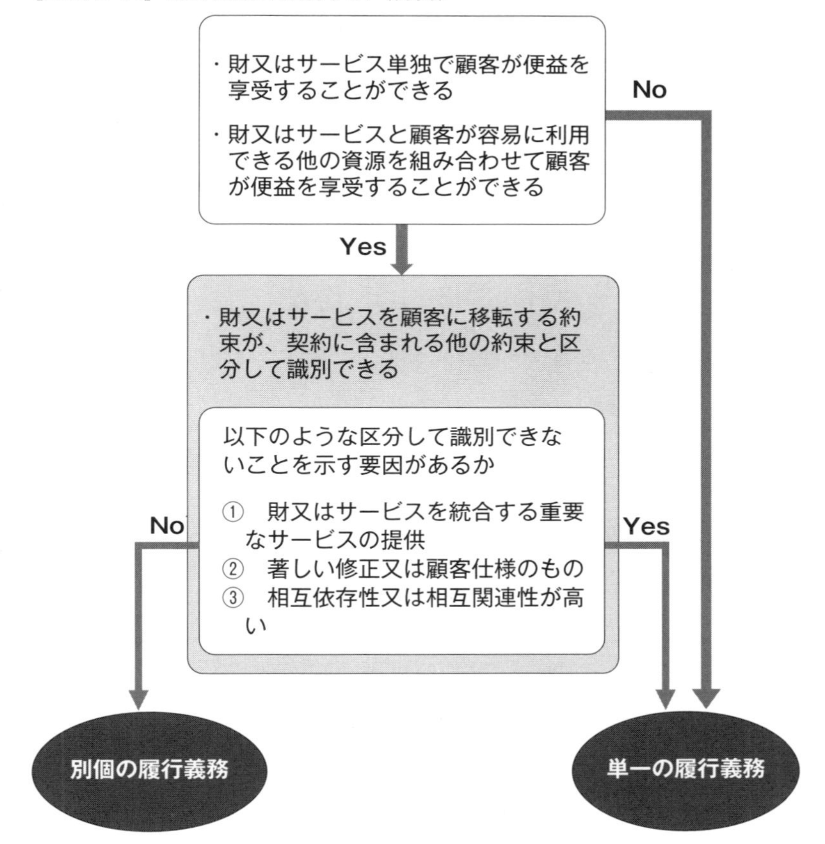

●設例のあてはめ

設例を上記の手順にあてはめてみます。

献花の供給、食事の提供等のサービスは、単独で手配することが可能であり、組合員はそれぞれ便益を享受できます。そのため、それぞれのサービスを別個の履行義務として判断できる可能性があります。

ただし、設例においてＪ組合は、通夜・告別式を執り行うことを受注しており、式全体の運営サービスを行う必要があります。つまり、献花の供給、食事の提供等の葬儀サービスを取りまとめて、通夜と告別式を実施する必要があることから、上記手順に記載されている、財又はサービスを統合する重要なサービスの提供を行っており、履行義務を区別して識別できないことを示す要因に該当すると判断できます。

したがって、これらは不可分一体の履行義務として認識すべきであるといえます。

結 論

J組合は、上記のあてはめに従って、葬儀サービスを単一の履行義務として認識し、履行義務である通夜・告別式をすべて提供した時点において収益を認識することになります。

[仕 訳]

◆葬儀サービス提供完了時

葬祭事業未収金　2,000千円　／　葬祭事業収益　2,000千円

設例 4-7　委託葬祭事業

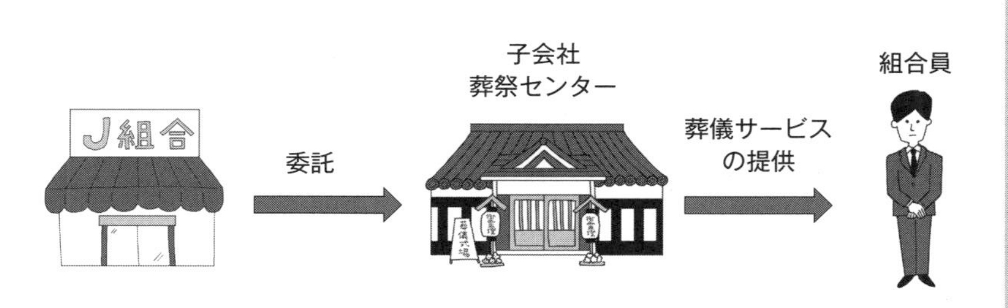

J組合は、組合員より葬儀の依頼を受けた場合、子会社の葬儀サービス運営会社に情報提供して、葬儀の一連のサービスを委託している。J組合は委託手数料として、受注額の10%を受け取る契約を取り交わしている。

今回、組合員より葬儀の依頼を受け、J組合の子会社は、会場手配、僧侶・司会の手配、花その他品目の準備提供、食事の手配等、一式を2,000千円で受注した。

ポイント

●子会社等に委託する場合の葬儀サービスの収益についての留意点

葬儀サービスを外部に委託する場合、JAが自ら提供する履行義務であるのか、あるいは他の当事者（子会社）によって提供されるようにJAが手配する履行義務であるのかによって、計上すべき収益の金額が変わってきます。

解 説

●収益認識基準での本人と代理人の区分

顧客への財又はサービスの提供に他の当事者が関与している場合には、本人に該当するか代理人に該当するかによって、収益計上する金額に相違が出てきます。**設例 1-4** で記載した下記の図表に従って判断することになります。

【図表 2-12】本人か代理人かの判断手順（再掲）

顧客に提供する財又はサービスを識別
【他の当事者の関与を判断】

↓関与あり

【顧客に提供される前に、以下のいずれかを組合が支配しているか否か】
① 他の当事者から受領した財又は資産
② 他の当事者が履行するサービスに対する権利
③ 他の当事者から受領した財又はサービスで、顧客に提供する際に他の財又はサービスと結合させるもの

＋

【支配しているか否かの判断指標】
① 履行に対しての主たる責任の有無
② 在庫リスクの有無
③ 価格設定の裁量権の有無

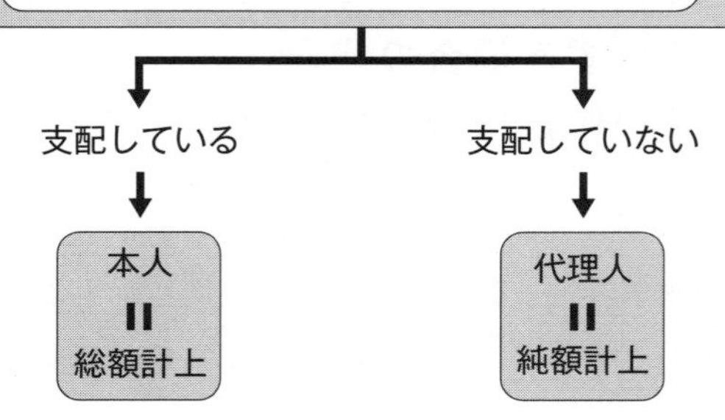

設例のあてはめ

設例の条件を上記要件にあてはめてみます。

1.　J組合が提供するサービスは何か

仮に、J組合がさまざまな個別の手配を自ら行い、子会社は当日の葬儀の施行のみを請け負うのであれば、J組合が葬儀サービスを実質的に提供しているといえます。

一方、設例にあるように、すべての葬儀サービスを子会社に委託する場合は、J組合は取次業務のみを行っていることとなりますので、葬儀サービス自体を自ら提供しているとはいえません。

2.　葬儀サービスはJ組合によって支配されているか

上記１と同じように、仮にJ組合が個別の手配をすべて行っているとするならば、提供する葬儀サービスを実質的にJ組合が支配しているといえますが、設例にあるようにすべてを子会社に委託している場合は、受注金額に関しての裁量権もなく、J組合が葬儀サービスを支配（コントロール）しているとはいえないことになります。

結論

J組合は、葬儀提供サービスにおいて代理人としての立場・役割であるため、収益は手数料相当額（純額）で計上すべきです。

[仕訳]

◆葬祭サービス完了報告時

葬祭事業未収金	200千円	／	葬祭事業収益	200千円

設例 4-8　マンション管理手数料

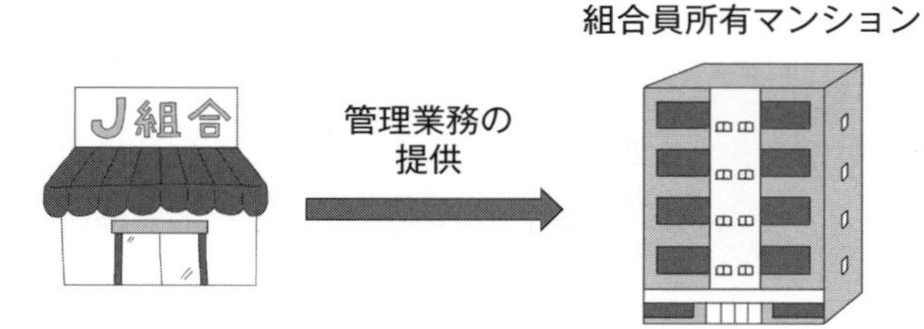

J組合は、組合員が所有する賃貸マンションに関し、その管理業務を受託した。受託管理業務契約は以下のとおりである。

なお、J組合では、事務管理業務、清掃業務、貯水槽の定期点検業務については、単独でも取り扱っており、下記マンションの規模でのそれぞれの独立販売価格は、600 千円、1,000 千円、400 千円である。

- **契約期間：1 年間（X1 年 7 月～X2 年 6 月）**
- **受託業務：マンション管理業務（事務管理、日常的な清掃業務、年 1 回（3 月）の貯水槽の定期点検業務）**
- **契約金額：年額 1,800 千円**

ポイント

●マンション管理に関する収益の計上はどうするべきか

マンション管理業務は、通常 1 年契約となっており、年間を通じて役務を提供します。ただし、契約の内容を見ると、異なる業務が複数含まれており、それぞれを履行義務として把握するか、マンション管理として一つの履行義務とするかによって、収益の認識の金額も時点も異なってきます。

また、J 組合では、契約に含まれる業務を別個にも受託していることから、独立で受託した時の価格を設定しており、取引例では、独立販売価格合計と受託した契約金額が異なっています。

設例の場合、J組合の収益はどのように認識計上すべきでしょうか。

解説

●収益認識基準での履行義務の識別

収益認識基準では、履行義務ごとに収益を認識するため、契約の中にどのような履行義務があるかを識別する必要があります。履行義務の識別については、**設例 4-6** と同様に、**設例 1-10** に示した履行義務の識別手順に従って判断することになります。

【図表 2-13】履行義務の識別手順（再掲）

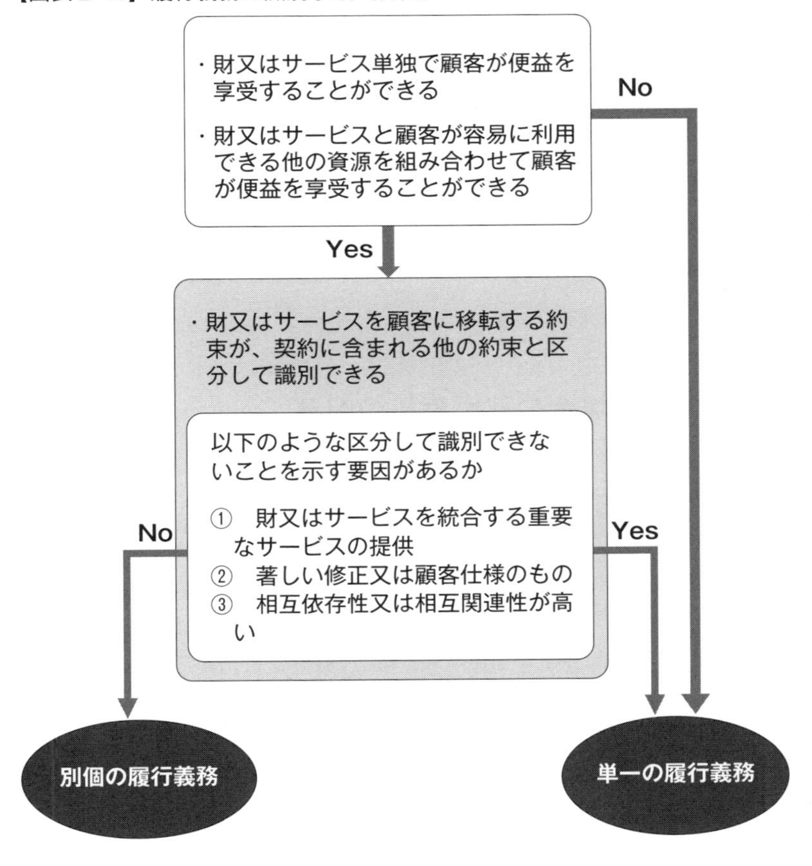

●履行義務の充足による収益の認識

次に、上記で識別された履行義務のそれぞれについて、履行義務がいつの時点で充足されたかを判断することになりますが、この判断は、**設例 1-10** で示した履行義務の充足による収益の認識手順により行います。

【図表 2-14】履行義務の充足による収益の認識手順（再掲）

・識別した履行義務について、以下の３要件のいずれかに該当するか
① 企業が義務を履行するにつれて、顧客が便益を享受すること
② 企業が義務を履行することにより、資産が生じるか資産価値が高まり、顧客が資産を支配すること
③ 企業が義務を履行することで別の用途に転用できない資産が生じ、履行部分の対価を受け取る権利が生じること

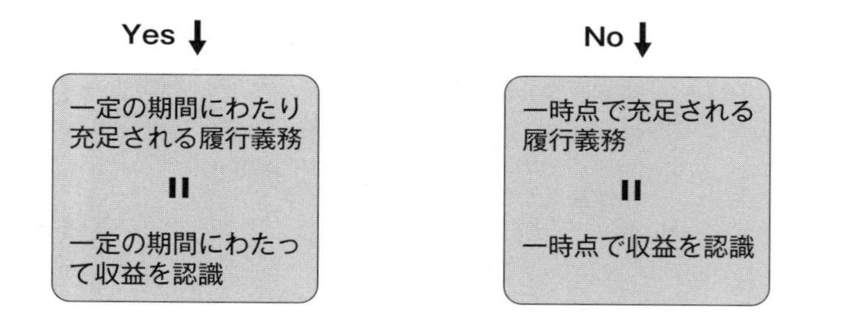

●値引きがある場合の取引価格の配分

収益認識基準では、契約の中に複数の履行義務が存在した場合、その「財又はサービスの独立販売価格の比率に基づき、契約において識別したそれぞれの履行義務に取引価格を配分する」（収益認識会計基準 66 項）とされています。

また、取引価格の中に値引きが入っているような場合には、「財又はサービスの独立販売価格の合計額が当該契約の取引価格を超える場合には、契約における財又はサービスの束について顧客に値引きを行っているものとして、当該値引きについて、契約におけるすべての履行義務に対して比例的に配分する」（収益認識会計基準 70 項）と規定されており、値引きがあった場合には、原

則として比例的に配分されます。ただし、例外として下記の要件をすべて満たす場合には、1つ又はすべてではない複数に値引きを配分します（収益認識会計基準71項）。

① 契約における別個の財又はサービスのそれぞれを、通常、単独で販売していること
② 当該別個の財又はサービスのうちの一部を束にしたものについても、通常、それぞれの束に含まれる財又はサービスの独立販売価格から値引きして販売していること
③ ②における財又はサービスの束のそれぞれに対する値引きが、当該契約の値引きとほぼ同額であり、それぞれの束に含まれる財又はサービスを評価することにより、当該契約の値引き全体がどの履行義務に対するものかについて観察可能な証拠があること

●設例のあてはめ

設例の条件を上記基準の要件にあてはめてみます。

1. 履行義務の識別

契約の中には、事務管理業務、清掃業務、貯水槽の定期点検業務が含まれています。この業務による履行義務が、単一のものか別個のものか判断する必要があります。

履行義務の識別の手順によると、上記3つの業務はそれぞれ単独で組合員は便益を受けることができますし、統合するような重要なサービス・著しい修正や顧客仕様・相互依存性又は相互関連性が高いといった業務を区分して識別できないような要因は見当たらないことから、それぞれの業務は、別個の履行義務と判断できます。

2.　履行義務の充足

別個の履行義務と判断されたそれぞれの業務の履行義務がいつの時点で充足されるかの判断になります。【図表2-14】の要件にあてはめてみると、事務管理業務及び清掃業務については、J組合が日々業務を実施するという義務を履行するにつれて組合員が便益を享受しているので、一定の期間にわたり充足される履行義務と判断され、貯水槽の定期点検については、1年間に一度実施される業務のため3要件にはあてはまらず、一時点で充足される履行義務と判断できます。

3.　取引価格の配分

各履行義務の充足によりいくらずつ収益に計上するかですが、契約の取引金額よりも独立販売価格の合計額が大きいため、契約金額の中に値引きが含まれていることから、各履行義務に何らかの基準で配分する必要があります。設例では、それぞれの業務を単独で販売しているものの、一つの束として値引きしている情報はなく、例外の要件をすべて満たしているとは判断できないことから、原則的な処理方法により比例的に配分することになります。

結 論

J組合は、マンション管理業務として契約した事務管理業務、清掃業務及び貯水槽点検業務を別個の履行義務として認識して、事務管理業務及び清掃業務については、契約期間にわたって（例えば、月割）収益を計上し、貯水槽点検業務については、その業務を終了した段階で収益を計上することになります。また、それぞれの収益計上金額については、値引きを按分した下記の金額を計上することになります。

〈値引きの配分〉　（単位：千円）

履行義務	契約額	独立販売価格	値引き	収益計上金額
事務管理		600	▲60	540
清　掃		1,000	▲100	900
貯水槽定期点検		400	▲40	360
合　計	1,800	2,000	▲200	1,800

[仕　訳]

◆×１年７月

経済未収金（事務管理）　45千円　／　マンション管理収益　120千円
経済未収金（清掃）　75千円

◆×１年８月～×２年６月：同　上

◆×２年３月（貯水槽定期点検完了時）

経済未収金　360千円　／　マンション管理収益　360千円

設例 4-9　マンションに係る礼金

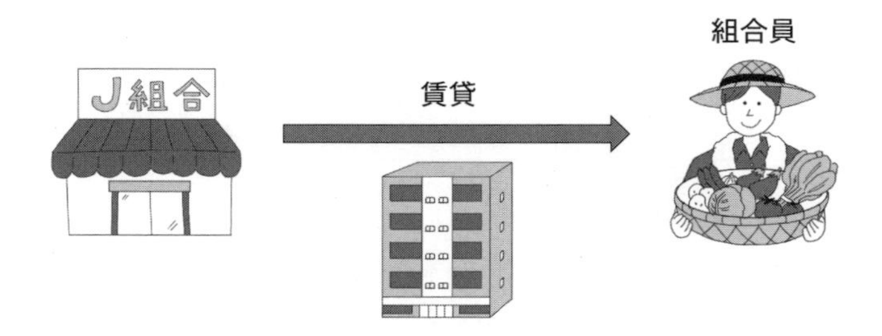

Ｊ組合は、組合員に対し、所有するマンションを賃貸することとした。賃貸条件は以下のとおりである。

賃貸期間：2 年間

賃 貸 料：月額 60,000 円

敷　　金：2 か月（退去時に返還）

礼　　金：1 か月（契約及び契約更新のつど受け取る）

ポイント

●礼金は収益としていつ計上できるか

礼金は通常は返済義務のないものであり、収益として認識すべきものです。ただし、その場合、いつ収益計上すべきなのでしょうか。

解 説

●礼金の実態に応じた会計処理が必要

礼金については、その実態が以下のように複数考えられます。

①　契約に関する家主に対する謝礼
②　契約の手数料に相当するもの
③　賃料の前払

仮に、①や②が実態であるならば、礼金は契約時に一括して収益計上すべきものとなります。

一方、礼金の実態が③の前払賃料であると考えられる場合、契約期間全体に配分して収益計上することが適切だといえるでしょう。この場合、返金不要な契約（収益認識適用指針57～60、142項）における規定を適用し、賃貸借契約期間にわたって認識することになると考えられます。不動産賃貸借契約に基づく賃貸収入は、リース取引に関する会計基準に従って処理されますが、リース取引に関する会計基準の対象外となる「賃貸収入に付随する収益」については、収益認識会計基準に従って処理することになると考えられます。

礼金の会計処理については、慎重に実態を見極めることが重要であることに留意してください。

設例のあてはめ

礼金が前払賃料としての実態を持つと考えられた場合、1か月当たりの賃貸料収益計上額は以下のとおりとなります。

1か月当たりの礼金	60,000円	÷　24か月＝	2,500円
契約上の月額賃貸料			60,000円
合　計			62,500円

結論

設例の条件だけでは、礼金の実態が判断できませんが、前払賃料としての実態がある場合には、以下の仕訳となります。

なお、謝礼等の実態がある場合には、入金時に収益認識することになります。

[仕 訳]

◆入居時

借方		貸方	
現金預金	240,000円	契約負債（前受賃貸料）	60,000円
		契約負債（前受礼金）	60,000円
		預り敷金	120,000円

◆各月収益計上

借方		貸方	
契約負債（前受賃貸料）	60,000円	賃貸料収入	62,500円
契約負債（前受礼金）	2,500円		

敷金が返還不要である場合

賃貸契約によっては、敷金が返還不要となっているケースもあり得ます。この場合は従来から、返還不要の敷金相当額は契約期間に配分して収益として計上する実務が浸透しており、これは収益認識基準でも同様の取扱いとなります。換言すれば、前払賃料としての性格を持つ礼金は、返還不要の敷金と同じ取扱いをするということが収益認識基準で明確にされたといえるでしょう。

設例 4-10　賃貸に係るフリーレント

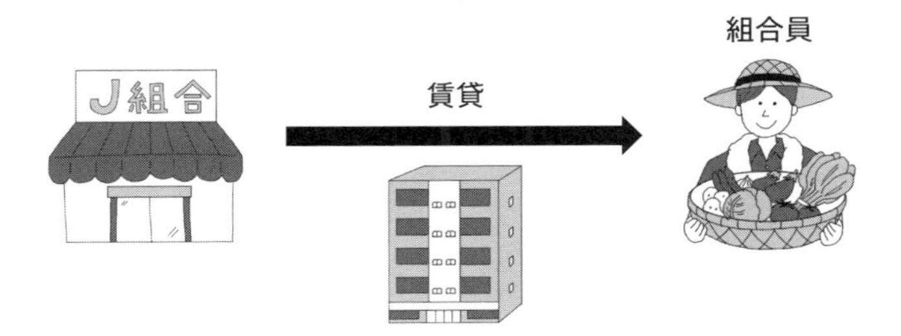

J組合は、所有する建物を組合員に以下の条件で賃貸することとした。

- 賃貸期間：×1 年 1 月～×2 年 12 月　2 年間（中途解約不可）
- 賃 貸 料：100,000 円／月（前月末振込）

ただし、賃貸開始より 3 か月間はフリーレント（無料）とする。

ポイント

フリーレント期間の収益認識の取扱い

フリーレント期間は賃料を受け取らないことから、原則として収益の認識はできません。これは、フリーレント期間内の各月においては、月額賃貸料全額を値引きしているものと捉えるからです。

ただし、契約上中途解約不可の場合は、契約期間全体の収益からの値引きとも考えられます。この場合、収益はどのように認識したらよいのでしょうか。

解説

収益認識基準での収益計上

収益認識基準では、このような解約不能条項が付された賃貸契約については

「一定の期間にわたり充足される履行義務」として取り扱うこととなります。この場合、履行義務を充足するにつれて、取引価格のうち、当該履行義務に配分した額について収益を認識することが必要です。

つまり、解約不能条項が付された賃貸契約においては、その契約期間全体の賃貸料収入を平均化して収益を計上することとなり、21 か月分の賃貸料収入を 24 か月で均等に収益計上することが必要になります。

●設例のあてはめ

契約期間全体の収益は、次のようになります。

100,000 円／月　×　（24 か月－3 か月）＝　2,100,000 円

また、1 か月当たりの平均賃貸料収入は、次のようになります。

2,100,000 円　÷　24 か月　＝　87,500 円／月

結 論

フリーレント期間で賃料の入金がない場合でも、一定期間の履行義務が充足されたとして、収益を認識することになります。

［仕 訳］

◆×1 年 1 月末

未収金	87,500 円	／	賃貸料収入	87,500 円

◆×1 年 2 月末：同　上

◆×1 年 3 月末

未収金	87,500 円	／	賃貸料収入	87,500 円
現金預金	100,000 円	／	未収金	100,000 円

フリーレント以外のインセンティブの考え方は？

近年ではフリーレントと同様に、賃貸借契約の募集においてテナントの負担を軽くし入居を促すためのインセンティブとして、段階賃料、移転補償（原状回復費や引越代金の負担)、造作物の贈与等が行われることもあります。

段階賃料とは、当初の賃料を低く設定し、その後、段階的に値上げしていく契約方法をいい、これついては経済的実態がフリーレントと同一であることから、解約不能条項がある場合においては、フリーレントと同様の処理が求められることになります。

一方、移転補償や造作物贈与は、フリーレント等と異なり、別契約によって現金や設備で還元する方法といえます。還元の仕方に違いはあるものの、移転補償等が賃料全体に対する還元の一つとして捉えられる場合には、フリーレント等と実態が同じであると考えられることとなります。そのため、解約不能期間などの条件が付される場合は、当該期間にわたってその金額を按分する処理が求められることとなるでしょう。

第５節

信用・共済事業

設例 5-1　受取利息の収益認識

３月決算のＪ組合は、信用事業を営んでおり運用の一環として連合会への預金、有価証券の保有と組合員への貸付けを行っている。それぞれの運用対象からは収入が発生しており、受取利息として計上している。

Ｊ組合は、当期、運用対象として10月１日に連合会へ利率１%（利払日12月）の預金10億円を預け入れ、有価証券運用として４月１日に債券金額10億円の償還期間10年、額面100円、利率１%（利払日４月と10月）の国債を98円で新規に取得した。

ポイント

●金融商品に係る収益はいつ計上できるか

通常、預金、有価証券、貸出金に係る収益は決められた利払日に入金されます。収益は、利払日までの保有期間又は貸出期間に基づいて計算されるため、利払日が来るまでは収益は発生しないことになります。この場合、受取利息はどのように計上されるのでしょうか。

解説

●金融商品会計に関する実務指針での収益計上時点

金融商品会計に関する実務指針 95 項では、債券利息は、その利息計算期間（約定日からではなく、受渡日から起算される）に応じて算定し、当該事業年度に属する利息額を計上します。したがって、期末日に利払日が到来していない分に対応する当期の利息額は、未収利息として計上しなければなりません。なお、債権の未収利息の不計上の判定と処理に係る取扱い（金融商品実務指針 119 項参照）は、債券の未収利息についても適用されます。

また、債券を債券金額と異なる金額で取得した場合には、償却原価法が適用されます。金融商品会計基準（注 5）では、償却原価法とは、金融資産又は金融負債を債権額又は債務額と異なる金額で計上した場合において、当該差額に相当する金額を弁済期又は償還期に至るまで毎期一定の方法で取得価額に加減する方法であり、この場合、当該加減額を受取利息又は支払利息に含めて処理します。

債券の場合は、取得価額と債券金額との差額の性格が金利の調整と認められるときは、償却原価法に基づいて受取利息が計上されるとともに取得価額が調整されます。

なお、償却原価法は、利息法を原則としますが、継続適用を条件として、簡便法である定額法を採用することができるとされています（金融商品実務指針 70 項）。

また、預金利息も同様な考え方で計上されます。

① 債券利息は、利息算定期間に応じて計算する。 ② 期末日に利払日が到来していない分に対応する当期の利息額は、未収利息として計上する。 ③ 債券を債券金額と異なる価額で取得した場合に、取得差額が金利の調整部分によるときは、償却原価法に基づいて受取利息を計上するとともに貸借対照表価額を決定する。

●設例のあてはめ

設例の条件を上記基準の要件にあてはめてみます。

1. 利息算定期間

・預 金

決算期が3月であるため6か月間（182日）が利息算定期間

うち12月に3か月分（92日）の利払が発生

【計算式】預金額10億円×利率1%×利息算定期間（92日／365日）

＝2,520千円

・債 券

決算期が3月であるため12か月間（365日）が利息算定期間

うち4月と10月で合わせて7か月分（214日）の利払が発生

【計算式】債券額10億円×利率1%×利息算定期間（214日／365日）

＝5,863千円

2. 利払日から決算日までの期間

・預 金

利息算定期間：利払日12月から決算期3月までの期間は3か月（90日）

【計算式】預金額10億円×利率1%×利息算定期間（90日／365日）

＝2,465千円

・債　券

利息算定期間：利払日10月から決算期3月までの期間は5か月（151日）

【計算式】債券額10億円×利率1％×利息算定期間（151日／365日）

＝4,136千円

3.　債券の取得差額

額面金額と取得金額の差額が取得差額として計算されます。

【計算式】（額面100円－98円）／額面100円×債券金額10億円

＝20,000千円

10年後に償還されるため1年分について償却原価法（定額法を採用）に基づき受取利息と貸借対照表価額を決定します。

【計算式】20,000千円÷10年＝2,000千円

結論

受取利息は、期末日において預金利息の計算期間や有価証券の保有期間に応じて算定された利息が計上されます。また、債券のように額面金額と取得金額の間に取得差額がある場合は、償却原価法に基づき受取利息が計上されます。

［仕 訳］

◆預　金

×年12月末	預　金	2,520千円	／	預金利息	2,520千円
×年3月末	未収利息	2,465千円	／	預金利息	2,465千円

◆債　券

×年4月末	預　金	822千円	／	有価証券利息	822千円
×年10月末	預　金	5,041千円	／	有価証券利息	5,041千円
×年3月末	未収利息	4,136千円	／	有価証券利息	4,136千円
×年3月末	有価証券	2,000千円	／	有価証券利息	2,000千円

設例 5-2　奨励金の収益認識

　J組合では信用事業、共済事業、経済事業を運営していく中で業務に関連する収益として奨励金を受け取っている。奨励金は、年１回の受取りであり、決算月以外の月にJAグループより年間の奨励金を受け取ることになっている。

　当期は、信用事業と共済事業に係る奨励金を受け取る予定である。預金量に応じた信用事業の奨励金は２月に50,000千円、共済事業の奨励金は４月に10,000千円の収入が発生する。なお、決算月は３月であり、前期末に計上した信用事業に係る未収奨励金は4,000千円であった。また、当期の信用事業の未収収益を計算する際の預金量は変更ないものとする。

ポイント

●奨励金に係る収益はいつ計上できるか

　奨励金とは、JAにおける各事業の事業量に応じて支払われる収入の一部で、信用事業の場合、預けている預金量の年間平均残高に応じて預金利息以外に預け先からJAに支払われるものです。この支払は、一般的に利息に準じた性質を有すると考えられるため、受取利息と同様に預入期間に応じて当該事業年度に係る収益を計上することになります。

　共済事業においても、共済推進活動の結果に応じて、同様に奨励金が支払われます。

解説

金融商品会計に関する実務指針での収益計上時点

金融商品実務指針では、奨励金について具体的な記載はないものの、信用事業における奨励金の特徴が利息に準じた性質を有することから、受取利息に準じて会計処理されることになります。

金融商品実務指針95項では、債券利息は、その利息計算期間（約定日からではなく、受渡日から起算される）に応じて算定し、当該事業年度に属する利息額を計上します。したがって、期末日に利払日が到来していない分に対応する当期の利息額は、未収利息として計上しなければなりません。

このように、信用事業の奨励金は、受取利息に準じて奨励金の算定期間に応じて計算されたものが事業年度の収益として計上されることになります。したがって、奨励金の入金日が決算日以外の月に入金される場合は、入金日から決算日までの算定期間に対応する収入として未収金額を算定する必要があるとともに、入金した奨励金のうち前事業年度の算定期間に対応する収入は当期の収益から控除する必要があります。

計上される奨励金は、受取利息に準じて預金利息に計上されますが、政策的に支払われる場合は、その他の受入利息に計上されることもあります。

共済事業に係る奨励金も同様の考え方であり、活動した事業年度に対応した奨励金を収益として計上する必要があります。例えば、4月に入金があった奨励金の算定期間が、前年度の4月から当年度の3月までの推進活動結果に基づき算定されたものであれば、前年度の事業年度の収益として計上します。

① 活動した事業年度の事業量に応じて算定される。

② 奨励金は活動した事業年度に対応して計上されるため、入金日から決算日までの算定期間については未収金額を計上する。

③ 計上される奨励金は、活動した事業年度に対応して計上されるため、前事業年度の算定期間に係るものは前期の収益に該当する。

●設例のあてはめ

設例の条件を上記基準の要件にあてはめてみます。

1.　活動した事業年度の事業量

信用事業に係る奨励金は、年間の預金額の平均残高に応じて算定され、共済事業に係る奨励金は、一定の期間における活動量に応じて計算されています。

2.　収益として計上すべき奨励金

信用事業に係る奨励金は2月に入金されるため、3月決算の場合、残りの1か月について未収金額を算定して計上する必要があります。

また、共済事業に係る奨励金は4月に入金されていますが、算定対象の期間が前事業年度の推進活動結果に基づいているため、3月決算の場合、共済事業に係る奨励金の未収収益を計上します。

3.　決済日後に受け取った奨励金

信用事業に係る奨励金は、1年に1回の支払とされ毎年2月に支払われていることから、 前年度の3月分に係る奨励金は前事業年度の収益に該当します。

結 論

奨励金は、活動した事業年度に対応して計上されるため、活動した事業年度の算定期間に基づいて計算されます。決算日時点で入金されていない奨励金は、事業年度に対応する算定期間に基づいて未収金額を算定して計上します。

[仕 訳]

◆J組合の決算期における奨励金の会計処理

●信用事業

×－1年４月	受取奨励金	4,000千円	／	未収収益	4,000千円
×年２月末	預　　金	50,000千円	／	受取奨励金	50,000千円
×年３月末	未収収益	4,166千円	／	受取奨励金	4,166千円(※)

●共済事業

×年３月末	未収収益	10,000千円	／	受取奨励金	10,000千円

（※）50,000千円×1か月／12か月＝4,166千円

設例 5-3　有価証券の売却

Ｊ組合（３月決算）は、有価証券運用の一環として株式と債券を保有している。基本的に、債券については、その他有価証券の区分で償還日まで保有を予定してるが、市場の状況によっては株式と同様に売却による利益の確定も考えている。一方で、株式については、その他有価証券の区分で基本的に売却益を目的として運用しているが、時価が簿価の30％超の下落が続いた場合は、売却による損失処理を行うロスカットルールを設定している。

当期は、国内の金融機関を通じて４月末に時価のある株式１億円（1,000円で10万株）を取得し、３月末発行された額面10億円の国債（利率1％、期間10年、利払日９月末・３月末）を４月末に98円で取得した。８月末に株価が1,200円まで上昇したため、購入先の金融機関を通じて当該価格で保有する株式すべてを売却し、数日後に売却代金の精算を行った。また、債券も同様に価格が100円まで上昇したため、３月末日に売却し、数日後に売却代金の精算を行った。

ポイント

●有価証券の売却益はいつ計上できるか

通常、有価証券は、売買の約定をしてから受渡しまで日数があるため、いつの時点で計上するのかが問題になります。売却損益については、約定日で確定しますが、売買代金の決済は約定日から数日経過した受渡日で行われるため、約定日と受渡日が決算日をまたいだ場合、決算日においてどのような会計処理が行われるのでしょうか。

解説

金融商品会計に関する実務指針での売却益計上時点

金融商品実務指針22項「有価証券の売買契約の認識」では、約定日から受渡日までの期間が市場の規則又は慣行に従った通常の期間である場合、売買約定日に買い手は有価証券の発生を認識し、売り手は有価証券の消滅の認識を行います（以下、「約定日基準」という）。ただし、約定日基準に代えて保有目的ごとに買い手は約定日から受渡日までの時価の変動のみを認識し、また、売り手は売却損益のみを約定日に認識する修正受渡日基準によることができるとしています。

約定日から受渡日までの期間が通常の期間よりも長い場合、売買契約は先渡契約であり、買い手も売り手も約定日に当該先渡契約による権利義務の発生を認識します。

① 約定日から受渡日までの期間が市場の規則又は慣行に従った通常の期間である。
② 上記の場合、売買約定日に、売り手は有価証券の消滅を認識する。
③ 受渡しが決算日をまたぐ場合、約定日基準に代えて、売り手は売却損益のみを約定日に認識する修正受渡日基準によることができる。
④ 約定日から受渡日までの期間が通常の期間よりも長い場合、売買契約は先渡契約に該当するため、約定日に先渡契約による権利義務の発生を認識する。

設例のあてはめ

設例の条件を上記基準の要件にあてはめてみます。

1. 約定日から受渡日までの期間

約定日から数日後に売却代金の精算が行われているため、市場の規則又は慣行に従った通常の期間であると考えられます。

2. 有価証券の消滅の認識

8月末に売却した株式及び3月末日に売却した債券は、売買約定日で有価証券の消滅を認識します。

3. 修正受渡日基準

決算が3月末の場合、債券の売却益について修正受渡日基準により売却益を計上することができます。

4. 約定日から受渡日までの期間が通常の期間よりも長い場合

今回の事案は、約定日から受渡日までの期間が数日間であったため、該当しません。

結 論

有価証券売却益の認識は、約定日基準で計上されますが、受渡しが決算日をまたぐ場合、修正受渡日基準による計上も認められます。

また、株式の売却損益は売却額が簿価と手数料を控除した金額になりますが、債券の場合は、償却原価法により売却原価を算定してから売却損益を算定します。

[仕 訳]

◆有価証券購入時

●×年4月末

(株式)	有価証券	100百万円	/	預 金	100百万円
(債券)	有価証券	980百万円	/	預 金	980.8百万円
	経過利息	0.8百万円	/		

◆株式の売却時

●×年８月末

借方		貸方	
預　　金	120 百万円	有価証券	100 百万円
		有価証券売却益	20 百万円

◆有価証券利息の受取り

●×年９月末

借方		貸方	
預　　金	5 百万円	有価証券利息	4.2 百万円
		経過利息	0.8 百万円

◆債券の売却時（決算時）約定日基準

●×年３月末

借方		貸方	
有価証券	1.8 百万円	有価証券利息	1.8 百万円(※1)
預　　金	1,005 百万円	有価証券	981.8 百万円(※1)
		有価証券売却益	18.2 百万円(※2)
		有価証券利息	5 百万円(※3)

なお、手数料については、簡略化のため省略しています。

（※1）償却原価法（簡便法）

【取得差額の算出】

（額面 100 円－取得価格 98 円）×額面総額 10 億円＝20 百万円

【償却原価法による利息の算定】

取得差額 20 百万円×保有期間 11 か月／償還までの期間 119 ヵ月＝1.8 百万円

【償却原価の算定】

取得簿価 980 百万円＋1.8 百万円＝981.8 百万円

（※2）売却益の算定

売却金額 1,000 百万円－売却原価 981.8 百万円＝18.2 百万円

（※3）有価証券利息の計算

額面 1,000 百万円×利率 1%×前回利払日からの保有期間 6 か月／利息算定期間 12 か月＝5 百万円

設例 5-4 受取配当金の計上

J組合（3月決算）は、上場企業の株式と非上場の株式を保有しています。それぞれの株式の決算月は3月であり、例年6月に配当金計算書が届きます。J組合は、配当金計算を受け取ってから会計処理を実施しています。今回の配当金計算書には、それぞれ50千円の配当金が記載されていました。

ポイント

●株式配当金はいつ計上できるのか

株式配当金は、配当通知書が届いてから配当金の支払が行われます。そのため、実際の株式配当金の会計処理は配当金の入金処理後に行われます。

しかし、株式配当金のうち市場時価のある株式は、各銘柄の権利落ち日をもって配当金を受け取る権利が発生します。この場合、決算において株式配当金を計上することができるのでしょうか。

解 説

●金融商品会計に関する実務指針での計上時点

金融商品実務指針94項では、「市場時価のある株式は、各銘柄の権利落ち日をもって配当金を受け取る権利が発生するため、前回の配当実績又は公表されている1株当たり予想配当額に基づいて未収配当額を計上する」とされています。その後、配当金の見積計上額と実際配当額との間に差異があることが判明した場合には、判明した事業年度に差異を修正します。ただし、配当金は、次の市場価格のない株式と同様の処理によることも、継続適用を条件として認められます。

一方、市場価格のない株式については、発行会社の株主総会、取締役会、その他決定権限を有する機関において配当金に関する決議があった日の属する事業年度に計上します。ただし、決議のあった日の後、通常要する期間内に支払を受けるものであれば、その支払を受けた日の属する事業年度に認識することも、継続適用を条件として認められます。

> ①　市場時価のある株式は、各銘柄の権利落ち日をもって、前回の配当実績又は公表されている１株当たり予想配当額に基づいて未収配当額を計上する。
> ②　市場価格のない株式については、発行会社の株主総会、取締役会、その他決定権限を有する機関において配当金に関する決議があった日の属する事業年度に計上する。
> ③　ただし、決議のあった日の後、通常要する期間内に支払を受けるものであれば、その支払を受けた日の属する事業年度に認識することも継続適用を条件として認められる。

設例のあてはめ

設例の条件を上記基準の要件にあてはめてみます。

1.　市場時価のある株式

上場企業は3月決算のため､3月決算の権利落ち日をもって前回の配当実績又は公表されている１株当たり予想配当額に基づいて未収配当額を計上します。

2.　市場価格のない株式

非上場の株式は３月決算のため、発行会社の株主総会、取締役会、その他決定権限を有する機関において配当金に関する決議があった日の属する事業年度に未収配当額を計上します。

3.　継続適用を条件として

決議のあった日の後、通常要する期間内に支払を受けるものであれば、その支払を受けた日の属する事業年度に株式配当金を計上します。

結 論

市場時価のある株式は、各銘柄の権利落ち日をもって配当金を受け取る権利が発生するため、前回の配当実績又は公表されている1株当たり予想配当額に基づいて未収配当額を計上しますが、継続適用を要件として、決議のあった日の後、通常要する期間内に支払を受けるものであれば、その支払を受けた日の属する事業年度に株式配当金を計上することができます。

市場価格のない株式は、発行会社の株主総会、取締役会、その他決定権限を有する機関において配当金に関する決議があった日の属する事業年度に未収配当額を計上しますが、その支払を受けた日の属する事業年度に株式配当金を計上することも認められます。

[仕 訳]

◆未収配当金を計上する場合

【権利落ち日又は3月末に決議があった場合】

×年3月末	未収配当金	100千円	／	株式配当金	100千円

【入金時】

×年6月	現　　金	100千円	／	未収配当金	100千円

◆未収配当金を計上しない場合

【入金時】

×年6月	現　　金	100千円	／	株式配当金	100千円

設例 5-5　貸出金に係る収益認識

J組合は、信用事業の一環として住宅ローンや不動産賃貸住宅建設向けの融資を行っている。貸出実行後は、契約書の利払日に従って貸付金の利息収入が発生し収益として計上している。

当期は、新規で期間20年、利率1.5%、金額10億円の貸付けを実行した。利払日は毎月10日で、口座引落しにより入金している。決算月は3月であり、決算時に未収利息を計上している。

ポイント

●貸付金の受取利息に係る収益はいつ計上できるか

企業会計原則第二損益計算書原則一Aでは、「すべての費用及び収益は、その支出及び収入に基づいて計上し、その発生した期間に正しく割り当てられるように処理しなければならない」とされています。

利払日が月末日でない場合には、継続的に利払日に利息計上すればいいのでしょうか。

解説

●金融商品会計に関する実務指針での収益計上時点

貸付金の利息は、毎月発生するため、入金時に受取利息が計上されますが、次回の入金が決算をまたぐ場合には、決算日までに発生した期間に基づいて未収利息が計上されます。

しかし、金融商品実務指針119項には、以下の規定があり、債務者の状況に応じて、必ずしも未収利息を計上しなければならいとは限りません。

金融商品会計基準（注 9）では、債務者から契約上の利払日を相当期間経過しても利息の支払を受けていない債権及び破産更生債権等については、既に計上されている未収利息を当期の損失として処理するとともに、それ以後の期間に係る利息を計上してはならないとしている。

未収利息を不計上とする延滞期間は、延滞の継続により未収利息の回収可能性が損なわれたと判断される程度の期間であり、一般には、債務者の状況等に応じて 6 か月から 1 年程度が妥当と考えられる。

また、利息の支払を契約どおりに受けられないため利払日を延長したり、利息を元本に加算することとした場合にも、未収利息の回収可能性が高いと認められない限り、未収利息を不計上とする。

① 当期計上すべき受取利息のうち決算日までに入金されていない利息を未収利息として算定する。
② 利払日を相当期間経過（6 か月から 1 年間）している貸付金については、利息収入を計上しない。
③ 上記の場合で、すでに未収利息を計上しているときは、当期の損失として処理する。
④ 利払日を延長したり、利息を元本に加算することとした場合も、未収利息は計上しない。

設例のあてはめ

設例の条件を上記基準の要件にあてはめてみます。

1. 決算日までに入金されていない利息の算定

未収利息の対象となる期間が 21 日間であるため、この期間に係る未収利息を貸付金の条件に基づいて計算します。

2.　利払日を相当期間経過している貸付金の利息収入

利息収入が安定的に入金されているため、当該事象には該当しません。

3.　上記２の貸付金で、すでに未収利息を計上している場合

利息収入が安定的に入金されているため、当該事象には該当しません。

4.　利払日を延長したり、利息を元本に加算することにした場合

利息収入が安定的に入金されているため、当該事象には該当しません。

結論

当期計上すべき受取利息のうち決算日までに入金されていない利息を未収利息として算定する必要がありますが、利払日を相当期間（6か月から１年間）経過している貸付金については利息収入を計上しません。

［仕 訳］

◆利息入金時の処理

毎月10日　　預　　金　1,250千円　／　受取利息　　1,250千円（※1）

（※1）貸付金10億円×利率1.5%×（1か月／12か月）＝1,250千円
　利息計算は簡便的に単利の月割で計算している。

◆決算時点で未収利息の計上

×年３月末　　未収利息　　863千円　／　受取利息　　863千円（※2）

（※2）貸付金10億円×利率1.5%×（21日／365日）＝863千円
　利息計算は簡便的に単利の日割りで計算している。

設例 5-6　共済付加収入

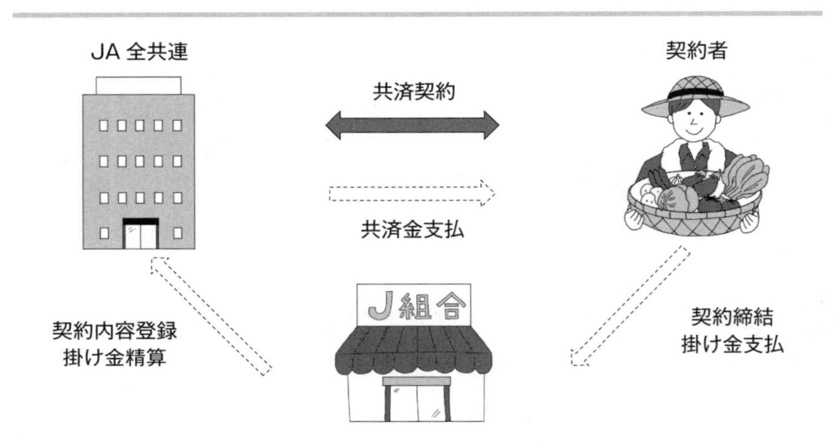

Ｊ組合（３月決算）は、全国共済農業協同組合連合会（以下、「全共連」という）と共同元受で共済事業を営んでおり、全共連は預った共済掛金の運用や共済商品の設計、共済契約の管理を行うのに対して、Ｊ組合は主に組合員への共済契約の推進、共済契約の保全、共済掛金の集金を行う。

共同元受のもとＪ組合におけるこれらの一連の業務は、全共連では新契約費、維持費及び集金費の支出として計上される一方で、Ｊ組合では、共済事業収益として共済付加収入が計上される。

共済事業に係る会計処理に関しては、農業協同組合法で定められているため、通常、法令に従って処理される。

Ｊ組合では、契約始期日が３月である生命共済の共済掛金 1,000 千円の入金が３月に発生した。その結果、決算では共済契約に係る共済付加収入が 100 千円計上された。

ポイント

●共済付加収入はいつ計上できるか

共済付加収入は、上記のとおり全共連から支払われる新契約費、維持費、集金費から構成されています。新契約費は、新規で共済契約を獲得した際に、維持費は共済契約に係る事務手続などを実施した際に、集金費は共済掛金を契約者から集金した際に、それぞれ支払われます。したがって、新契約費以外は、管理している共済契約数等に応じ増減するのに対して、新契約費は、獲得した新規契約数に応じて増減するため、年度によってはJAで計上される共済付加収入が新契約数に応じて大きく増加したり減少したりします。

解説

●農業協同組合法に基づく共済付加収入の収益計上時点

農業協同組合法では、保険業法と同様に共済契約に係る共済掛金の収入は、現金主義でしか認められておらず、経過期間に基づく未収の計上は認められていません（農協法施行規則31条3項）。また、収益の認識は契約期間に応じて計上されるため、共済掛金の精算が翌期になるものや共済契約の始期日がまだ到来していない共済掛金については、未経過共済掛金として翌期以降の精算に繰り越されます（農協法施行規則31条1項2号イ）。

そのため、JAで計上される共済付加収入は、当期に受け入れた共済掛金のうち当期に精算され、かつ、共済契約の始期日が到来しているものを対象に計上されます。

したがって、翌期に精算が予定され、又は、共済契約の始期日が到来していない共済付加収入は、未経過共済付加収入として負債の部に計上されます。

①　共済掛金の収入は現金主義であり、経過期間に基づく未収は計上されない。 ②　入金された共済掛金のうち、共済の始期日が到来して掛金の精算が当期に行われるものが、共済付加収入として計上される。 ③　算定された共済付加収入のうち精算が翌期、又は、共済の始期日が到来していない契約については経過勘定として未経過共済付加収入が負債に計上される。

●設例のあてはめ

設例の条件を上記基準の要件にあてはめてみます。

1.　共済掛金の入金状況

共済掛金の収入は現金主義であり、未収は計上されません。

J組合では実際に1,000千円の共済掛金が入金されているため、未収の計上は必要ありません。

2.　共済の始期日と掛金の精算

入金された共済掛金のうち、共済の始期日が到来して掛金の精算が当期に行われるものが、共済付加収入の算定対象になります。

設例では、共済契約の始期日が3月で全共連と共済掛金の精算が行われているため、当該共済掛金に係る共済付加収入が計上されます。

3.　未経過共済付加収入の計上

算定された共済付加収入のうち、精算が翌期、又は、共済の始期日が到来していない契約については、経過勘定として未経過共済付加収入が負債に計上されます。

設例では、共済契約の始期日が3月ですが、共済契約の始期日が4月以降の場合は、計上された共済付加収入に対して未経過共済付加収入が負債の部に計上されることになります。

結論

共済掛金の収入は現金主義であり、経過期間に基づく未収は計上されず、入金された共済掛金のうち、共済の始期日が到来して掛金の精算が当期に行われるものが、共済付加収入として計上されます。

[仕 訳]

◆共済掛金の入金

×年３月　預　　金　1,000 千円 ／ 共済資金　1,000 千円

◆共済掛金の全共連との精算

×年３月　共済資金　1,000 千円 ／ 預　　金　1,000 千円

◆共済付加収入の発生

×年３月　預　　金　100 千円 ／ 共済付加収入　100 千円

◆共済契約の始期日が到来していない場合（３月決算）

×年３月　共済付加収入　100 千円 ／ 未経過共済付加収入 100 千円

■編著者

みのり監査法人

〒108-0014

東京都港区芝 5-29-11 G-BASE 田町

TEL : 03-6436-7090

メール：info@minori-audit.or.jp

監査先としては、全国の農業協同組合及び農業協同組合連合会が中心となっています。監査業務は、公認会計士と農協監査士が連携することで、その相乗効果により高品質・効率的な業務を提供し、また、これまでの経験を基礎として全国各地の地域に密着した業務を実施しています。

◆企画・編集・執筆・レビュー

宮下 毅（みやした・たけし）

公認会計士　理事 パートナー

平成 28 年 6 月まで、新日本有限責任監査法人で監査業務及びアドバイザリー業務に従事。平成 29 年 7 月、みのり監査法人にパートナーとして入所後、平成 30 年 4 月、理事に就任。平成 28 年 7 月より JA 全国監査機構の監査に帯同し監査業務を行うとともに、JA の会計監査人監査移行の支援を実施。平成 31 年 4 月より、JA の会計監査人監査に従事。

〈主な著書〉

『図解でざっくりシリーズ〔1～9〕』（新日本有限責任監査法人編、中央経済社、共著）企画・編集

『固定資産の管理実務』（新日本有限責任監査法人編、第一法規、共著）

『棚卸資産の管理実務』（新日本有限責任監査法人編、第一法規、共著）

『JA のための会計監査 Q&A』（みのり監査法人編、清文社、共著）

家泉 明彦（いえいずみ・あきひこ）

公認会計士　パートナー

平成30年6月まで、EY新日本有限責任監査法人で監査業務及びアドバイザリー業務に従事。平成30年7月、みのり監査法人に入所後、JA全国監査機構の監査に帯同し監査業務に従事。平成31年3月、同法人のパートナーに就任。令和元年5月より、JAの会計監査人監査に従事。

〈主な著書〉

『電機産業の会計・内部統制の実務』（新日本有限責任監査法人編、中央経済社、共著）

◆執筆者

齊藤 公彦（さいとう・きみひこ）

公認会計士　パートナー

平成29年6月まで、PwCあらた有限責任監査法人で業務に従事。平成30年7月、みのり監査法人にパートナーとして入所。平成29年7月より、JA全国監査機構の監査に帯同し監査業務を行うとともに、JAの会計監査人監査移行の支援を実施。令和元年5月より、JAの会計監査人監査に従事。

〈主な著書〉

『中国税務・会計ハンドブック〔初版～第3版〕』（中央青山監査法人・税理士法人中央青山編、東洋経済新聞社、共著）企画・編集

『中国投資 財務・税務のリスクマネジメント』（中央青山監査法人・税理士法人中央青山編、中央経済社、共著）

『JAのための会計監査Q&A』（みのり監査法人編、清文社、共著）

窪寺 正記（くぼてら・まさのり）

公認会計士・公認不正検査士　シニア・マネージャー

平成25年6月まで、新日本有限責任監査法人にて、国内外の金融機関の監査業務に従事。平成25年7月から全国農業協同組合中央会に出向し、JA

全国監査機構の監査の品質管理業務や不正の調査ならびに不正に対応した監査手続の構築支援、JA の会計監査人監査移行の支援を実施。令和元年 7 月、みのり監査法人のマネージャーとして入所。

阿部 純也（あべ・じゅんや）

公認会計士　パートナー

平成 29 年 6 月まで、新日本有限責任監査法人で監査業務・株式上場支援業務等に従事。平成 30 年 7 月、みのり監査法人にパートナーとして入所。平成 29 年 7 月より、JA 全国監査機構の監査に帯同し監査業務を行うとともに、JA の会計監査人監査移行の支援を実施。令和元年 5 月より、JA の会計監査人監査に従事。

〈主な著書〉

『JA のための会計監査 Q&A』（みのり監査法人編、清文社、共著）

髙戸 満男（たかど・みつお）

公認会計士　パートナー

平成 30 年 6 月まで、有限責任監査法人トーマツで監査業務に従事。平成 30 年 7 月、みのり監査法人に入所。平成 31 年 3 月同法人のパートナーに就任。平成 31 年 4 月より、JA の会計監査人監査に従事。

〈主な著書〉

『Q&A 業種別会計実務・12 保険』（有限責任監査法人トーマツ 金融インダストリーグループ著、中央経済社、共著）

『実務に役立つ JA 会計ハンドブック』（有限責任監査法人トーマツ JA 支援室著、全国共同出版、共著）

JAのための 収益認識基準の会計実務

2019年12月2日　発行

編著者　みのり監査法人 ©

発行者　小泉 定裕

発行所　株式会社 清文社

東京都千代田区内神田1－6－6（MIFビル）
〒101-0047　電話03(6273)7946　FAX03(3518)0299
大阪市北区天神橋2丁目北2－6（大和南森町ビル）
〒530-0041　電話06(6135)4050　FAX06(6135)4059
URL http://www.skattsei.co.jp/

印刷：亜細亜印刷㈱

ISBN978-4-433-66739-9